Magdalene Ngethe Munywoki

Efeitos da utilização de bombas hidráulicas de carneiro no nível de vida

Magdalene Ngethe Munywoki

Efeitos da utilização de bombas hidráulicas de carneiro no nível de vida

de pessoas em terras áridas e semi-áridas (ASAL) no subcondado de Yatta em Machakos, Quénia

ScienciaScripts

Imprint

Cover image: www.ingimage.com

This book is a translation from the original published under ISBN 978-620-8-11704-7.

Publisher:
Sciencia Scripts
is a trademark of
Dodo Books Indian Ocean Ltd. and OmniScriptum S.R.L publishing group

120 High Road, East Finchley, London, N2 9ED, United Kingdom
Str. Armeneasca 28/1, office 1, Chisinau MD-2012, Republic of Moldova, Europe
Printed at: see last page
ISBN: 978-620-8-33003-3

Conteúdo

DEDICAÇÃO

Dedico este trabalho aos meus irmãos, que me deram palavras de apoio ao longo de todo o processo. As bênçãos de Deus estão sobre vós.

RECONHECIMENTO

Quero agradecer a todos os meus professores, desde a escola primária até à pós-graduação. Recebi orientação dos meus supervisores, a Dra. Mary Mutiso e o Dr. Kimani Njoroge, durante a minha investigação. Quero também agradecer aos meus amigos e familiares pelo seu apoio inabalável e comentários perspicazes.

DEFINIÇÃO DE TERMOS

Pobreza: A falta de recursos financeiros suficientes significa que as pessoas, as casas e até as comunidades não podem sobreviver ou obter o essencial para uma existência satisfatória.

Escassez de água: uma situação em que o abastecimento de água é insuficiente para satisfazer a procura.

Nível de vida: É utilizado para descrever o grau de afluência, conforto, bens materiais e necessidades que estão disponíveis para uma determinada classe socioeconómica ou área geográfica.

RESUMO

Este estudo investigou a forma como as bombas de aríete hidráulico ajudam a melhorar o nível de vida das pessoas que vivem em terras áridas e semi-áridas (ASAL). O objetivo principal deste estudo era determinar de que forma as bombas hidráulicas de carneiro no subcondado de Yatta, em Machakos, no Quénia, contribuíam para elevar o nível de vida dos residentes em terras áridas e semi-áridas (ASAL). Os objectivos específicos consistiam em avaliar a forma como as bombas hidráulicas de carneiro contribuíram para reduzir a fome no subcondado de Yatta, no condado de Machakos, avaliar a contribuição das bombas hidráulicas de carneiro para minimizar a pobreza no subcondado de Yatta, no condado de Machakos, e investigar a contribuição das bombas hidráulicas para a redução da escassez de água no subcondado de Yatta, no condado de Machakos. As seguintes questões de investigação orientaram o investigador: Como é que as bombas hidráulicas reduzem a fome no sub-condado de Yatta, no condado de Machakos?

As bombas hidráulicas de carneiro reduziram significativamente a pobreza no subcondado de Yatta, no condado de Machakos? Quais são os contributos das bombas hidráulicas de carneiro para a redução da escassez de água no subcondado de Yatta, no condado de Machakos? O investigador utilizou um inquérito descritivo numa amostra de 43 agricultores que foi selecionada aleatoriamente e determinada utilizando a fórmula de Slovin. Os dados foram recolhidos através de questionários e analisados no SPSS versão 29. Os valores do alfa de Cronbach das variáveis independentes foram = 0,712 para a redução da fome, = 0,799 para a minimização da pobreza e = 0,714 para o alívio da escassez de água. De acordo com as estatísticas, 69,77% dos inquiridos eram homens, enquanto 30,23% eram mulheres. 20,93% da população tinha entre 0 e 25 anos, 26 e 30 anos (11,63%), 31 e 34 anos (18,60%), 35 e 40 anos (2,33%), 41 e 44 anos (11,63%), 51 e 54 anos (16,28%) e mais de 55 anos (18,60%). Houve uma relação positiva significativa ($r = 0,891$, $p = 0,028 < 0,05$) entre a redução da fome e a melhoria do padrão de vida. A minimização da pobreza correlacionou-se positiva e significativamente ($r = 0,999$, $p = 0,015 < 0,05$) com a melhoria do nível de vida. Os resultados mostraram uma correlação positiva e significativa entre a redução da escassez de água e a melhoria do nível de vida ($r = 0,834$, $p = 0,001 < 0,05$). Concluiu-se que a aplicação de bombas de carneiro hidráulico pelos agricultores teve uma forte contribuição positiva e significativa para melhorar o nível de vida das pessoas através da redução da fome. Além disso, o estudo concluiu que a aplicação de bombas de aríete hidráulico aumentou positiva e significativamente a capacidade dos agricultores de gerar rendimentos para pagar as propinas escolares, cuidados de saúde primários, alimentação e outras necessidades primárias. Além disso, o estudo concluiu que a aplicação de bombas de aríete hidráulico contribuiu significativamente para aliviar a escassez de água, o que, por sua vez, levou à melhoria do nível de vida. Foi recomendado que os governos nacionais e dos condados aumentassem a sensibilização para os benefícios da utilização de bombas de aríete hidráulico nas ASAL (s), mantendo-se determinados a financiar projectos nas ASAL que sejam concebidos para melhorar os meios de subsistência das pessoas nessas áreas. O estudo recomendou o aumento do número de bombas de carneiro hidráulico no local de 48 para ter pelo menos uma bomba de carneiro hidráulico em cada duas propriedades. Finalmente, é necessário um estudo mais aprofundado para medir a contribuição das bombas de carneiro hidráulico utilizando outros parâmetros que não foram ajustados no modelo deste estudo atual.

CAPÍTULO 1

INTRODUÇÃO

l.OIntrodução

Esta secção abrange as informações de base, a finalidade da investigação, a definição do problema, os objectivos e as questões de investigação, as hipóteses, as limitações, a importância e a organização do projeto de investigação.

1.1 Informações de base

As necessidades mais fundamentais de saúde e bem-estar humano são o acesso a água potável, saneamento e higiene. Se o desenvolvimento não triplicar, milhares de milhões de pessoas não terão acesso a estes serviços essenciais até 2030. A rápida expansão da população, a urbanização e o aumento das necessidades de água dos sectores agrícola, industrial e energético contribuem para o aumento da procura de água.

O stress hídrico agravou-se devido a anos de abusos, má gestão, exploração excessiva das águas subterrâneas e contaminação das reservas de água doce. Como resultado das alterações climáticas, da deterioração dos ecossistemas relacionados com a água, do subinvestimento na água e no saneamento e da colaboração inadequada nos cursos de água transfronteiriços, os países estão também a enfrentar um número crescente de dificuldades. Para garantir o acesso universal à água potável, ao saneamento e à higiene, seria necessário quadruplicar as taxas de avanço até 2030. A concretização destes objectivos permitiria evitar as 829 000 mortes anuais causadas por doenças diretamente relacionadas com água contaminada, saneamento inadequado e maus hábitos de higiene.

Apesar dos avanços significativos, milhões de pessoas continuam a não ter acesso a água potável, a instalações sanitárias adequadas e à higiene pessoal. As actuais taxas de melhoria a nível mundial devem ser significativamente aumentadas para alcançar a cobertura universal até 2030: seis vezes para a água potável, cinco vezes para o saneamento e três vezes para a higiene. Embora tenha havido um aumento de 9% na eficiência da utilização da água, o stress e a escassez de água continuam a ser problemas significativos em muitas partes do mundo. Em 2020, 2,4 mil milhões de pessoas viverão em países com acesso limitado à água. Os conflitos e as alterações climáticas agravam os problemas.

Apenas 0,5% da água na Terra é utilizável e está prontamente disponível como água doce, de acordo com uma investigação da Organização Meteorológica Mundial. Embora existam variações regionais significativas, limitar o aquecimento global a 1,5^{O} C em vez de 2°C reduzirá para metade a percentagem da população mundial que se prevê vir a sofrer de escassez de água. Em 2050, prevê-se que o número de habitantes urbanos que enfrentam escassez de água triplique, passando de 930 milhões em 2016 para 1,7-2,4 mil milhões. De acordo com o Relatório das Nações Unidas sobre o Desenvolvimento Mundial da Água (2023), está iminente uma crise mundial da água.

Realizar o acesso justo e universal a água potável limpa e barata para todos até 2030. Acabar com a defecação ao ar livre e proporcionar a todas as pessoas acesso a saneamento e higiene suficientes e equitativos até 2030, prestando especial atenção às necessidades das mulheres, raparigas e pessoas em situações vulneráveis. Reduzir a poluição, acabar com as descargas, limitar a libertação de produtos químicos e materiais perigosos, reduzir para metade a percentagem de águas residuais não tratadas e aumentar significativamente a reciclagem e a reutilização segura em todo o mundo para melhorar a qualidade da água até 2030. Para atenuar a escassez de água e reduzir consideravelmente o número de pessoas afectadas por essa escassez, a eficiência da utilização da água em todos os sectores deve ser consideravelmente melhorada até 2030. A gestão integrada dos recursos hídricos deve ser implementada até 2030 a todos os níveis, principalmente através da colaboração transfronteiriça.

O aumento do investimento setorial e do reforço das capacidades, a promoção da inovação e de acções baseadas em dados concretos, a melhoria da coordenação e da cooperação intersectorial entre todas as partes interessadas e a adoção de uma abordagem mais integrada e holística da gestão da água são estratégias fundamentais para voltar a atingir o Objetivo 6. O aumento do investimento setorial e o reforço das capacidades, a promoção da inovação e de acções baseadas em dados concretos, a melhoria da coordenação intersectorial e da cooperação entre todas as partes interessadas e a adoção de uma abordagem mais integrada e holística da gestão dos recursos hídricos são estratégias fundamentais para que o Objetivo 6 seja retomado.

Proteger e restaurar os ecossistemas relacionados com a água até 2020, incluindo zonas húmidas, rios, lagos, montanhas, florestas e aquíferos. Até 2030, aumentar a colaboração internacional e a assistência à criação de capacidades para projectos e actividades relacionados com a água e o saneamento, incluindo tecnologias para a recolha de água, dessalinização, eficiência hídrica, tratamento de águas residuais, reciclagem e reutilização. Incentivar e estimular a participação da comunidade na melhoria da gestão da água e do saneamento a nível local. O saneamento, a limpeza e o acesso à água potável são essenciais para a saúde e o bem-estar humanos. O WASH seguro é importante para os meios de subsistência, a frequência escolar e a dignidade e é um requisito para uma boa saúde. Também ajuda a construir comunidades fortes com um ambiente saudável. Os excrementos não tratados contaminam as águas subterrâneas e superficiais utilizadas para beber água, irrigar, tomar banho e para as funções domésticas, provocando diarreia e danos para a saúde. Quer provenha de fontes artificiais, como os nitratos, quer de fontes naturais, como o arsénio e o flúor, a contaminação química da água continua a prejudicar a saúde humana. Numerosas DTNs podem ser prevenidas com WASH seguro e adequado, incluindo o tracoma, os helmintos espalhados pelo solo, e a esquistossomose. Durante o período dos Objectivos de Desenvolvimento do Milénio (ODM) (19902015), as mortes por diarreia devido a WASH insuficiente foram reduzidas para metade, com avanços significativos nos serviços de água e saneamento a desempenharem um papel crucial. De acordo com a evidência, aumentar os níveis de serviço para água potável ou saneamento geridos com segurança, tais como água canalizada regulada ou ligações a esgotos com tratamento de águas residuais, pode melhorar significativamente a saúde ao reduzir o número de mortes por doenças diarreicas.

Muitos cientistas definem as terras secas como ecossistemas que incluem prados, bosques e pastagens, que compreendem mais de 40% da superfície do planeta (IUCN, 2019). 41% da superfície da Terra é constituída por terras secas, das quais 45% são utilizadas para a agricultura, de acordo com Burrell et al. (2020). Em todo o mundo, 2 mil milhões de pessoas vivem em terras secas, que podem ser encontradas em todos os continentes (IUCN, 2019; FAO, 2016).

As terras secas compreendem 80% de todas as terras africanas (ICPALD 2021), e 75% são utilizadas para a agricultura (Cervigni e Morris, 2016; Mwendwa, 2010). Estas regiões são consideradas como tendo uma escassez de água (FAO, 2016) porque a sua evapotranspiração potencial anual excede a sua precipitação anual possível (Huang et al., 2017). Acrescenta que outros tipos de terras secas incluem regiões hiperáridas, áridas, semiáridas e sub-húmidas secas. Estas contribuem para o ciclo do carbono apesar do seu clima desfavorável e desempenham um papel crucial nos campos de pastagem, promovendo o desenvolvimento de prados, arbustos e bosques (Hilding e Voilder, 2020).

De acordo com Spilsbury (2019), as terras secas compreendem 80% da área no Quénia, com 60% da terra utilizada para a produção agrícola. Uma vez que a agricultura é o pilar da economia nacional, desempenha um papel significativo no fornecimento de segurança alimentar e reduz significativamente a pobreza (Nyariki e Amwata, 2019; D'Alessandro et al., 2015). Duzentos milhões de pessoas vivem nas terras áridas e semiáridas do Quénia, onde as elevadas taxas de pobreza e as circunstâncias climáticas desfavoráveis são responsáveis pela baixa produção agrícola da região (Quevenco, 2015). Além disso, o impacto das alterações climáticas sob a forma de ondas de calor, fome, secas e inundações conduziu a um fraco desenvolvimento económico e a um sofrimento extremo para os habitantes das zonas afectadas (Herrero et al.2010).

Os quenianos têm muito mais acesso a água potável (59%) do que a instalações sanitárias mínimas (29%). Embora o saneamento básico se tenha tornado menos acessível desde 2000, o acesso à água potável aumentou 13%. 9,9 milhões de pessoas no Quénia utilizam diretamente fontes de água de superfície contaminadas, enquanto cerca de cinco milhões de indivíduos defecam ao ar livre. Apenas 25% das casas têm um lavatório com água e sabão para lavar as mãos. Para sobreviver, as crianças têm de ter acesso a água potável, saneamento básico e práticas de higiene adequadas. De acordo com estudos efectuados em todo o mundo, a melhoria do acesso à água, ao saneamento e à higiene pode impedir a morte de 297.000 crianças com menos de cinco anos todos os anos. Tendo em conta os actuais níveis de investimento, o aumento previsto da população e as alterações climáticas, será difícil alcançar o acesso universal à água potável e a instalações sanitárias até 2030.

Para melhorar o acesso das crianças e das famílias à água potável e ao saneamento mínimo, em particular nos condados das terras áridas e semi-áridas (ASAL), onde é mais escasso, a NICEF Quénia trabalha em estreita colaboração com o governo, os doadores e a sociedade civil. Em resposta à escalada das secas provocada pelas alterações climáticas, inovamos para encontrar novas formas de distribuir água. Em 2020, mais de 1.700 aldeias receberam assistência da UNICEF para se tornarem livres de defecação a céu aberto. Mais de 105.000 pessoas têm agora melhor acesso a água potável. Também ajudámos cerca de 360.000 pessoas em condados afectados pelas cheias a obter água potável. Em 2020, em parte em resposta à COVID-19, fornecemos a 106 escolas primárias instalações de água, saneamento e higiene sensíveis ao género e à deficiência. Mais de 15.000 raparigas adolescentes ausentes da escola em 2020 devido à COVID-19 beneficiaram do apoio da UNICEF a actividades comunitárias sobre gestão da higiene menstrual (MHM). As raparigas receberam pensos higiénicos que podiam ser usados repetidamente durante mais de um ano. Além disso, ensinámos os nossos parceiros de implementação a educar as raparigas e as mulheres sobre a GHM.

O desafio crítico que o Quénia enfrenta consiste em aumentar a taxa de crescimento económico para níveis superiores. Incorporar uma melhoria generalizada do nível de vida e do bem-estar dos quenianos

Reduzir a pobreza, que aumentou rapidamente no passado recente. A taxa de crescimento económico do Quénia diminuiu drasticamente, passando de uma média de 6,6% na década de 1970 para 4,2% na década de 1980 e para uma média de 2,1% na década de 1990. As condições de vida da grande maioria da população

Os quenianos estão a deteriorar-se rapidamente. O número de pessoas está a aumentar consideravelmente. Não têm acesso a água potável, vestuário, abrigo, serviços de saúde e educação. Desemprego É um problema no Quénia. A taxa média de desemprego é de 23% e é ainda mais elevada para os jovens. O abandono escolar e, no caso das mulheres, é em média de 25% (Chune, 003). Os serviços públicos, em muitos casos, já não estão disponíveis. As disparidades crescentes no acesso aos serviços têm Além disso, a situação prejudica as condições de vida das famílias com baixos rendimentos. As matrículas escolares, a mortalidade infantil e a esperança de vida deterioraram-se (UNDp, 2002). Os objectivos económicos do Quénia em matéria de crescimento, redução da pobreza e melhoria da utilização e do acesso aos recursos mantiveram-se essencialmente os mesmos desde a independência. A procura de um desenvolvimento socioeconómico sustentável tem sido, no entanto, um desafio, influenciando algumas mudanças de política. Mudanças de política. O apelo mais forte centrou-se na redução da pobreza e na inclusão das pessoas excluídas dos benefícios do crescimento económico e da redistribuição dos recursos produtivos. O que mudou, consequentemente, foram as estratégias para alcançar os objectivos do desenvolvimento humano sustentável, centradas na melhoria da qualidade de vida da maioria das pessoas com baixos rendimentos.

A redução da pobreza, definida em termos gerais, requer processos que ajudem as pessoas a melhorar as suas capacidades e o seu funcionamento, permitindo-lhes tomar conta dos seus assuntos (Gondi, 2005).

Desde a independência, o Quénia elaborou muitas políticas de redução da pobreza, a maioria das quais teve pouco êxito. As anteriores políticas de redução da pobreza, anteriores à década de 1990, partiam erradamente do princípio de que os benefícios do rápido crescimento de sectores-chave como a indústria, os serviços e a agricultura se repercutiriam automaticamente em todos os sectores da sociedade. Assim, foram injectados mais esforços para melhorar.

Desempenho económico (incentivo à exportação, transformação de produtos agrícolas alimentares, etc.) em detrimento da promoção de projectos que melhorem o bem-estar da sociedade. Por exemplo, algumas políticas, como o desenvolvimento do sector informal rural, não receberam a vontade política necessária. Afetação de recursos para serem eficazes.

De acordo com as estatísticas do Governo do Quénia (2011), 89% do Quénia é constituído por terras áridas e semi-áridas (ASAL). Devido à falta de água, as ASAL são habitats instáveis. Os residentes das ASALs estão em desvantagem significativa quando se trata de alcançar outras métricas sociais e económicas favoráveis devido a problemas de acesso à água. O local de base do estudo, o condado de Machakos, situa-se numa região ASAL típica. A precipitação no condado é pouco frequente e pouco fiável; surge sob a forma de tempestades intensas que são mal espaçadas e cronometradas.

De acordo com Kuria et al. (2012), os problemas de acesso à água no condado de Machakos são melhor caracterizados por totais anuais de precipitação de 500 mm contra uma evapotranspiração potencial de 1800-2000 mm. Temperaturas substanciais, que atingem os 34°C nos dias mais quentes, causam taxas de evapotranspiração significativas. As temperaturas elevadas, que podem atingir os 34° C em setembro, o mês mais quente do ano, provocam taxas de evapotranspiração elevadas (AWEMAC, 2018). A precipitação no Condado varia entre 1200 mm por ano no norte e 200 mm no sul. A quebra de colheitas no condado é um problema persistente que requer intervenções contínuas, uma vez que a distribuição da precipitação é fraca, mesmo nas regiões mais húmidas. O condado de Machakos tem uma oferta limitada de recursos hídricos. Devido à escassez de recursos hídricos superficiais e subterrâneos, o condado carece de água suficiente para fins domésticos e agrícolas. Os rios sazonais são as principais fontes de água, e a maior parte deles seca rapidamente após uma tempestade.

Alguns leitos de rios sazonais servem também como fontes de água a longo prazo. Barragens de areia, barragens de terra, poços de água, poços rasos, furos e nascentes são outras fontes (Ngigi, 2003). Com uma distância média até à fonte de água mais próxima que varia entre 4 quilómetros no subcondado de Yatta e 29,9 e uma média de 7 quilómetros no condado, o acesso à água é sempre um problema para mais de 60% dos agregados familiares de Yatta (CGK, 2018). Os 7 km são 14 vezes mais distantes do que a distância máxima de acesso à água indicada pelas normas da esfera (SPHERE, nd) e mais distantes do que a distância média de 6 km para encontrar água em África em 2010 (UNHR, 2010). Apesar do potencial considerável, apenas 4.774 agregados familiares, de acordo com a CGK (2013), têm sistemas de recolha de água da chuva no telhado. Isto deve-se ao facto de 76,4% dos agregados familiares terem telhados de chapa de ferro ondulada, ideais para a recolha de água da chuva. A maior parte da população depende de barragens superficiais e sub-superficiais, que frequentemente não contêm água suficiente. Sabe-se que as longas distâncias percorridas a pé têm um impacto negativo noutros factores sociais e económicos, como o rendimento, os investimentos, a saúde e a educação, o que aumenta a pobreza (Amy e Jennifer, 2012), tal como documentado para o condado de Machakos por Zolnikov e Blodgett (2017).

A CGK (2013) afirmou que 60% da população do país vive abaixo do limiar da pobreza devido às chuvas deficientes que afectaram a maior parte do país. A paridade do poder de compra (PPP) em dólares americanos é inferior à média nacional de 1436, com 828 (CGK, 2018). Como acontece frequentemente em Machakos e noutras regiões áridas do Quénia, a pobreza obriga as pessoas a recorrer a técnicas de sobrevivência frequentemente prejudiciais para outros indicadores sociais, como a saúde, a educação e o ambiente (GOK, 2011). A literacia é gravemente afetada pela pobreza, o que agrava o problema. A taxa de alfabetização no subcondado de Yatta é inferior (63 2%) à média nacional, que é de 70,5% (CGK, 2018). Tanto o governo nacional como o do condado e outros parceiros de desenvolvimento recorrem frequentemente à ajuda alimentar a curto prazo e ao desenvolvimento dos recursos hídricos em reação aos choques causados pelas secas. Embora a educação seja geralmente considerada como uma realização louvável, raramente é vista como uma solução a mais longo prazo para o problema da água.

1.2 Declaração do problema

O desenvolvimento nas ASAL foi considerado uma variável significativa que contribui para a erradicação da pobreza. Uma análise efectuada por Montek Ahluwalia revelou uma correlação negativa significativa entre o desenvolvimento rural e a pobreza. Por conseguinte, um maior desenvolvimento rural conduz a níveis de pobreza mais baixos. Chune (2013) mostrou uma relação inversa entre o desenvolvimento agrícola e os níveis de pobreza. Gondi (2015) demonstrou uma relação positiva significativa entre a redução dos níveis de pobreza e a melhoria dos padrões de vida das populações das zonas rurais. O desenvolvimento nas zonas rurais resulta da adoção e aplicação de métodos inovadores que provocaram uma diminuição inegável dos níveis de pobreza nas ASAL. Por conseguinte, as actividades criativas de desenvolvimento rural estão diretamente ligadas à redução da pobreza.

As regiões rurais do Quénia, especialmente as ASAL, enfrentam as taxas de pobreza mais elevadas. Como tal, para resolver o problema em questão, o Quénia ofereceu mais oportunidades económicas nas zonas rurais. Tal como foi escrito no Blogue do Banco

Mundial por Utz Pape e Carolina Mejia-mantilla, "Isto foi possível devido à importância crescente do rendimento não agrícola para complementar o rendimento agrícola das famílias rurais, que foi ajudado pela expansão do dinheiro móvel e pela revolução das telecomunicações". Outra forma de estimular o crescimento económico nas ASAL do Quénia é através da utilização de bombas hidráulicas. Construído pela primeira vez há dois séculos e meio, o carneiro hidráulico é um dos mais antigos dispositivos mecânicos de elevação de água. O progresso tecnológico também melhorou o carneiro, mas as bombas eléctricas e alimentadas a combustível substituíram-no. Atualmente, o carneiro constitui uma alternativa fiável, de baixa manutenção e sustentável às bombas motorizadas. Desde a introdução das bombas hidráulicas de carneiro no Quénia, não há provas de que as bombas tenham contribuído significativamente para melhorar o nível de vida das pessoas que vivem nas ASAL. Além disso, não há registo de nenhum estudo realizado no subcondado de Yatta, em Machakos, sobre os efeitos da utilização de bombas de carneiro hidráulico no nível de vida das pessoas. Uma vez que a construção de comunidades se tornou um dos principais métodos do Quénia para aliviar a pobreza, a participação na construção e na construção de infra-estruturas tornou-se um dos negócios mais florescentes no país, ajudando geralmente a economia e permitindo o aparecimento de ASAL mais novas e mais seguras em todo o país. Nesta perspetiva, o presente estudo procurou investigar de que forma as bombas de carneiro hidráulico contribuíram para o nível de vida das pessoas nas ASAL, escolhendo como área de estudo o subcondado de Yatta no condado de Machakos, no Quénia.

1.3 Objetivo do estudo

O objetivo deste estudo era examinar os efeitos da utilização de bombas de carneiro hidráulico no nível de vida das pessoas em terras áridas e semi-áridas (ASAL).

1.4 Objectivos do estudo

Os objectivos foram classificados em objectivos gerais e específicos.

1.4.1 Objetivo geral

O principal objetivo deste estudo foi investigar os efeitos da utilização de bombas de carneiro hidráulico no nível de vida das pessoas em terras áridas e semi-áridas (ASAL) no subcondado de Yatta em Machakos, Quénia.

1.4.2 Objectivos específicos

i. Avaliar o efeito da utilização da bomba hidráulica de carneiro na redução da fome no subcondado de Yatta, no condado de Machakos.

ii. Avaliar a influência da utilização da bomba hidráulica Ram Pump na minimização da pobreza no sub-condado de Yatta, no condado de Machakos.

iii. Investigar o efeito da utilização de bombas hidráulicas na redução da escassez de água no subcondado de Yatta, no condado de Machakos.

1.5 Hipóteses

Ho: A utilização da bomba hidráulica de carneiro não tem um efeito significativo na redução da fome no subcondado de Yatta, no condado de Machakos.

Hr. *A utilização da bomba hidráulica tem um efeito significativo na redução da fome no subcondado de Yatta, no condado de Machakos.*

Ho: A utilização da Bomba Hidráulica de Carneiro não influencia significativamente a minimização da pobreza no Sub-Condado de Yatta no Condado de Machakos.

Olá: *A utilização da bomba hidráulica tem um efeito significativo na minimização do subcondado de Yatta, no condado de Machakos.*

Ho: A utilização de bombas hidráulicas não influenciou significativamente a redução da escassez de água no subcondado de Yatta, no condado de Machakos.
Olá: A utilização de bombas hidráulicas tem uma influência significativa na redução da escassez de água no subcondado de Yatta, no condado de Machakos.

1.6 Importância do estudo

As conclusões e recomendações do estudo esclarecem os governos do subcondado de Yatta e do condado de Machakos sobre as áreas de formulação de políticas e planeamento que podem ser utilizadas para melhorar as práticas agrícolas nas ASALs do condado. O estudo orienta os utilizadores de bombas hidráulicas de aríete no sentido de melhorarem estrategicamente as suas operações agrícolas para a concretização dos objectivos macroeconómicos de acentuação da geração de rendimentos, crescimento económico, produção de alimentos e redução da pobreza para uma vida melhor, tal como indicado na Visão 2030. As conclusões ajudam a informar os habitantes do subcondado de Yatta, do condado de Machakos e do país em geral, para que reconheçam o papel das bombas hidráulicas de aríete nas ASAL, o que pode levar a uma taxa acelerada de reforço do desenvolvimento agrícola nas ASAL para melhorar o nível de vida dos quenianos nessas áreas. Os resultados fornecem informações ao Condado de Machakos e a outros governos municipais sobre áreas de melhoria para apoiar e promover o crescimento e a sobrevivência da irrigação baseada em bombas de cilindro hidráulico. Para além disso, o estudo contribui para o conjunto de conhecimentos existentes. Ajuda outros investigadores a trabalharem em questões relacionadas, porque o estudo subscreve a literatura atual sobre o papel das bombas de cilindro hidráulico na promoção de meios de subsistência sustentáveis nas ASALs, contribuindo assim para a área académica. Por fim, as conclusões do estudo fornecem ao governo do Quénia informações sobre a forma como os governos dos condados podem utilizar as bombas hidráulicas de aríete nas diferentes ASAL para ajudar o país a atingir a "agenda dos quatro grandes temas da fome e da redução da pobreza" da Visão 2030.

1.7 Limitações do estudo

Um dos desafios percebidos pelo pesquisador foi que alguns dos participantes do estudo tinham medo de participar. Os participantes receavam participar no estudo porque pensavam que seriam expostos às agências reguladoras do governo no sector informal. No entanto, o investigador assegurou que as informações recolhidas para a investigação permanecessem confidenciais, anónimas e utilizadas apenas para o estudo, não sendo permitido a terceiros aceder aos dados sem o consentimento escrito dos participantes, caso fosse necessário. Alguns participantes não recearam participar no estudo, mas não quiseram fazer parte do mesmo. O investigador informou-os da importância do estudo, da razão pela qual a sua participação era essencial para o crescimento económico do sector e dos benefícios do inquérito para a formulação de políticas e a atenuação dos desafios da indústria.

1.8 Delimitações do estudo

O estudo limitou-se ao objetivo geral, que consistia em investigar o efeito das bombas hidráulicas de aríete na melhoria do nível de vida das pessoas em terras áridas e semi-áridas (ASAL) no Quénia: um caso do subcondado de Yatta em Machakos, Quénia. Por conseguinte, as conclusões devem ser reproduzidas com precaução. Além disso, os resultados podem não ser generalizáveis a outras ASAL. Especificamente, o objetivo era avaliar a forma como as bombas hidráulicas de carneiro contribuíram para a eliminação da fome, estabelecer a contribuição das bombas hidráulicas de carneiro para a erradicação da pobreza, investigar a contribuição das bombas hidráulicas para o alívio da escassez de água e estabelecer formas de utilização das bombas hidráulicas de carneiro para melhorar o desenvolvimento agrícola no subcondado de Yatta, no condado de Machakos.

1.9 Pressupostos do estudo

Em primeiro lugar, o estudo partiu do princípio de que os critérios para a investigação selecionada eram adequados e resultariam em conclusões significativas. Em segundo lugar, o investigador acreditava que os dados recolhidos para a análise eram credíveis e relevantes. Por último, o investigador acredita que os participantes no inquérito responderam de forma honesta e sincera.

1.10 Organização do projeto de investigação

O primeiro capítulo apresenta os antecedentes do projeto, a finalidade da investigação, a exposição do problema, as hipóteses, os objectivos do projeto de investigação, as limitações do estudo, a importância do estudo, a delimitação e os pressupostos do estudo.

O segundo capítulo apresenta uma análise pormenorizada da literatura relacionada com os objectivos da investigação. Será também incluído um estudo teórico que explica a melhoria do nível de vida, juntamente com o quadro concetual.

O capítulo três descreve a área de investigação e a metodologia de investigação a empreender para este projeto específico. A primeira secção aborda a conceção e a localização do projeto. A segunda parte descreve os aspectos da metodologia de investigação, tais como a abordagem de amostragem, a dimensão da amostra, o procedimento de investigação para a recolha de dados, a validade e a fiabilidade do instrumento e as considerações éticas. O quarto capítulo abordará a análise dos dados, a interpretação e a discussão dos resultados, enquanto o quinto capítulo concluirá o trabalho de investigação com recomendações.

CAPÍTULO 2

REVISÃO DA LITERATURA

2.0 Introdução

Este capítulo apresenta as seguintes informações para este trabalho de investigação:

2.1 Literatura empírica

2.1.1 Redução da fome

Mais de dois terços da população mundial produz cerca de um terço dos alimentos do mundo, e estas pessoas estão a sofrer uma grave crise alimentar (Gundogdu, 2019). Este desequilíbrio, que ameaça agravar-se nos próximos dez anos, tem graves repercussões económicas e sociais e compromete gravemente os princípios e valores fundamentais do direito à vida e à nutrição. A eliminação da fome e da subnutrição, um dos objectivos delineados na Declaração das Nações Unidas sobre o Progresso e o Desenvolvimento Social, e a erradicação dos factores que contribuem para esta condição são objectivos partilhados por todos os países (Singleton et al. 2021). As circunstâncias históricas das pessoas que sofrem de fome e desnutrição, particularmente as desigualdades sociais, que continuam a estar entre as barreiras mais significativas para a completa emancipação e avanço dos países em desenvolvimento e de todos os povos envolvidos, incluem a dominação alienígena e colonial, a ocupação estrangeira, a discriminação racial, o apartheid e o neocolonialismo em todas as suas formas (Singleton et al. 2021).

Esta situação agravou-se recentemente em resultado de muitas crises que a economia global tem vivido, incluindo o declínio do sistema monetário internacional, o aumento inflacionário dos custos das importações, o pesado fardo da dívida externa na balança de pagamentos de muitos países em desenvolvimento, o aumento da procura de alimentos, em parte devido à pressão demográfica, a especulação, a escassez e o aumento dos preços dos factores de produção agrícola essenciais e o aumento dos preços dos alimentos; A Carta dos Direitos e Deveres Económicos dos Estados deve ser tida em consideração no contexto das negociações em curso, e a Assembleia Geral das Nações Unidas deve ser instada a adotar por unanimidade uma Carta que sirva de instrumento valioso para o desenvolvimento de novas relações económicas internacionais baseadas nos princípios da justiça e da equidade (Niyobuhungiro, 2019).

Para o estudo económico da fome, é necessária uma estratégia informativa abrangente que tenha em conta as várias interdependências. As interdependências entre o rendimento e o consumo alimentar, as operações de diferentes sectores económicos, a produção e o comércio em vários países, a estabilidade macroeconómica e a segurança alimentar, as regras de distribuição intrafamiliar e a partilha de alimentos e cuidados de saúde, o poder das mulheres e o comportamento da fertilidade, as despesas militares e a privação económica, a subnutrição precoce e os seus efeitos na saúde e nas competências, a instabilidade política e a estabilidade macroeconómica são todos examinados por Amartya (2018). As implicações destas ligações são brevemente discutidas por Amartya (2018).

Um dos Objectivos de Desenvolvimento Sustentável da ONU é acabar com a fome. O meio ambiente estará em perigo se a produção de alimentos for aumentada para alimentar uma população global crescente sem implementar um consumo mais sustentável. Tomoko et al. (2019) investigaram planos alternativos para acabar com a fome que não comprometam a conservação ambiental. Em comparação com o cenário de manutenção do status quo, verificou-se que um método orientado para o crescimento económico exigiria cerca de 20%

mais produção de alimentos, 48 Mha de terras agrícolas adicionais e aumentaria as emissões de gases com efeito de estufa em 550 Mt de equivalentes de CO2 por ano-1 em 2030. Este cenário ignora a desigualdade na distribuição dos alimentos e tem por objetivo acabar com a fome aumentando a disponibilidade de alimentos. Os compromissos ambientais que os acompanham seriam significativamente reduzidos se os esforços para acabar com a fome fossem direcionados principalmente para as pessoas subnutridas. A procura de alimentos aumentaria apenas 3 % (Tomoko et al. 2019). Além disso, em comparação com o cenário de manutenção do status quo, um cenário combinado que dê prioridade aos subnutridos e, ao mesmo tempo, reduza o consumo excessivo, o desperdício de alimentos, a intensificação agrícola e outros impactos ambientais diminuiria a procura de alimentos em 9%, resultando em múltiplas vantagens, como a redução da fome e a promoção da sustentabilidade ecológica (Tomoko et al.2019).

Um dos maiores desafios do nosso tempo é acabar com a fome no mundo. Cerca de 783 milhões de pessoas em todo o mundo não têm acesso a alimentos suficientes e mais de 40 milhões de pessoas em 51 países estão a passar por níveis de fome de "emergência" ou graves (Jiang et al. 2021). A fome pode estar prestes a alastrar a partes do Iémen, do Sudão do Sul, da Etiópia e da Nigéria ou já estar presente nesses países. A saúde e as perspectivas de milhões de pessoas são afectadas negativamente por dietas deficientes em vitaminas, minerais e outros nutrientes, o que lança uma sombra sobre o futuro de comunidades e nações inteiras (Jiang et al. 2021). Embora haja alimentos produzidos em quantidade suficiente para alimentar todos os habitantes do planeta, o Objetivo de Desenvolvimento Sustentável 2 da Agenda 2030 para o Desenvolvimento Sustentável - que apela a um mundo sem fome - continua a ser incrivelmente difícil de alcançar devido a uma mistura venenosa de conflitos, alterações climáticas, catástrofes naturais, pobreza estrutural e desigualdade (Lenaerts & Demont, 2021). Os efeitos socioeconómicos da epidemia de COVID-19 agravaram a fome a nível mundial nos últimos dois anos, aumentando o custo de chegar às pessoas necessitadas e conduzindo milhões de pessoas vulneráveis a uma maior insegurança alimentar. O PAM está envolvido em várias iniciativas de combate à fome (Gundogdu, 2019). 60% das pessoas que passam fome no mundo residem em zonas afectadas por conflitos e 8 em cada 10 das maiores crises de fome do mundo são causadas por conflitos (como no Iémen, no Sudão do Sul, na República Democrática do Congo e na Síria, por exemplo) (Chakona & Shackleton, 2019).

A Cimeira da UA, realizada em janeiro de 2015, apoiou a Agenda 2063 de África, articulando a determinação renovada do Continente e a sua vontade de acelerar o desenvolvimento inclusivo e o crescimento económico sustentável e de base alargada (Aniche, 2020). Trata-se de uma descrição da agenda política para o continente em termos de objectivos, metas e objectivos, motivada pela necessidade crescente de assegurar que as acções tenham efeitos mensuráveis e quantificáveis. Agora que tanto a Agenda 2063 como os ODS estão em vigor, o foco está a virar-se, e com razão, para a implementação ou para assegurar e alinhar a capacidade e os mecanismos necessários para cumprir os objectivos e metas estabelecidos (Elias, 2023). A dedicação aos resultados e ao impacto indica que "apenas fazer coisas" é insuficiente; a ação deve ser eficaz e eficiente no contexto da responsabilização, demonstrando a utilização óptima dos recursos disponíveis para atingir os objectivos pré-determinados (Elias, 2023). Colocar em perspetiva o âmbito do esforço "erradicar a fome até 2025", destacando a natureza multissectorial e interdisciplinar da abordagem da segurança alimentar e nutricional, é o cerne da eliminação da fome (Aniche, 2020). Tendo em conta a dimensão da população prevista, o que significa este objetivo? Que alimentos seriam necessários, em que quantidades e qualidade, e que políticas, investimentos, tecnologias, capacidades e aptidões humanas seriam necessárias para manter os níveis de abastecimento desejados? Que tal garantir que todos tenham acesso a alimentos saudáveis e prevenir a fome? (Aniche, 2020).

Devido à fome endémica no continente, muitos governos africanos têm dificuldade em resolver o problema (Otekunrin et al., 2020). Desde 1990, tem sido um desafio para muitas nações africanas reduzir significativamente a fome e a subnutrição. Utilizando as classificações do Índice Global da Fome (IGF), Otekunrin et al. (2020) examinaram neste artigo a evolução dos esforços das nações africanas para combater a fome durante as últimas três décadas. A maior melhoria do IGF foi registada no Gana (-53,1%), enquanto as pontuações do IGF no Zimbabué e na República Centro-Africana apenas aumentaram marginalmente (+1,6%). As pontuações de GHI de poucos países diminuíram significativamente ao longo deste período, enquanto outros registaram ganhos. Além disso, descobrimos que nenhuma nação africana foi capaz de atingir os três objectivos quando avaliámos os três indicadores do GHI: (i) prevalência de subnutrição (percentagem da população), (ii) prevalência de atraso de crescimento nas crianças (%) e (iii) prevalência de emaciação nas crianças (%). Embora a maioria só tenha atingido um destes objectivos, seis países - Tunísia, Gana, África do Sul, Marrocos, Maurícias e Argélia - conseguiram atingir dois deles. Apresentamos provas a nível nacional que mostram correlações diretas entre as pontuações do GHI e as pontuações do terrorismo, da proteção social e do desenvolvimento humano. A análise de alguns dos obstáculos que fizeram com que o objetivo de África de acabar com a fome fosse um desafio e o potencial para levar o continente até 2030 fazem parte desta discussão.

No seu estudo, Mason-D'Croz et al. (2019) utilizaram o quadro IMPACT do IFPRI para analisar as alterações nos sistemas globais de produção agrícola, as alterações climáticas e a segurança alimentar. Este quadro consiste em modelos económicos estruturais e biofísicos interligados. Mason-D'Croz et al. (2019) examinaram os custos e as implicações dessas despesas para reduzir a fome em África até 2030, com base em trabalhos anteriores sobre como o aumento do investimento em investigação agrícola, gestão de recursos e infra-estruturas pode resolver os desafios de satisfazer a futura procura de alimentos. Esta investigação permitiu uma avaliação mais exacta das despesas associadas à concretização das melhorias agrícolas previstas. É combinada com um novo modelo de estimativa de investimento baseado na técnica do inventário permanente (PIM). Mason-D'Croz et al. (2019) descobriram que, em comparação com um cenário sem alterações climáticas, o número de pessoas em risco de fome em África aumentará em 6 milhões até 2030, com as alterações climáticas a continuarem a impedir as reduções esperadas da fome. Em 2030, a percentagem de pessoas em risco de fome na África Setentrional, Ocidental e Austral pode ser reduzida para 5% ou menos com investimentos para aumentar a produtividade agrícola, mas na África Oriental e Central, a percentagem deverá manter-se em 10% ou mais. Prevê-se que um pacote global de investimentos nos países em desenvolvimento custe cerca de 52 mil milhões de dólares, sendo que os investimentos em África deverão custar cerca de 15 mil milhões de dólares por ano entre 2015 e 2030.

A maioria das pessoas nos países africanos, em particular na África do Sul, depende de rendimentos de subsistência para sobreviver (Phogole, 2010). A falta de acesso a serviços sociais e económicos, a insuficiência de bens de primeira necessidade, como alimentos e água, e as poucas opções para gerar dinheiro formal são caraterísticas da pobreza. Phogole

(2010) avaliou os factores que contribuem para taxas mais elevadas de fome e pobreza e ofereceu um quadro diferente para a política de melhoria do bem-estar dos pobres da região. Phogole (2010) argumentou que a redução da fome tem como alvo as barreiras que levam à pobreza, à luz dos factores que contribuem para ela e da sua prevalência. A tese central de Phogole (2010) é que, utilizando a África do Sul como estudo de caso, o envolvimento das pessoas em situação de pobreza é um passo crucial e progressivo em qualquer esforço para sustentar o crescimento, o desenvolvimento e a transformação socioeconómica em África.

De acordo com Otieno (2018), uma das questões mais importantes que a comunidade de desenvolvimento mundial enfrenta é a eliminação a longo prazo da fome e da pobreza na África Subsariana. A maioria das pessoas pobres em África vive em zonas rurais, onde a produção de alimentos através da agricultura ou da criação de gado assegura a maior parte do seu rendimento (Otieno, 2018). Pensa-se que mais de 200 milhões de pessoas na África Subsariana vivem em extrema pobreza, entre as quais se encontram os desfavorecidos das zonas rurais da África Oriental e Austral, que têm a maior concentração de pessoas empobrecidas do planeta. Poderá a agricultura desempenhar um papel significativo na redução da pobreza, dada a sua importância para as economias da região? Como pode África desempenhar um papel mais significativo na erradicação da pobreza? O que pode ser feito para aumentar a produção agrícola, a expansão económica e os rendimentos das populações rurais pobres, de modo a contribuir para a realização dos Objectivos de Desenvolvimento do Milénio, nomeadamente a redução da pobreza para metade até 2015? Estas são apenas algumas das questões que o autor discute no amplamente aclamado documento "A Roadmap".

O direito à alimentação é um dos direitos mais frequentemente violados atualmente, sendo também um dos mais frequentemente referidos nos documentos internacionais sobre direitos humanos (Clover, 2013). Embora a oferta de alimentos tenha aumentado mais rapidamente do que a população mundial, os objectivos da Cimeira Mundial da Alimentação de 1996 para reduzir a fome ficaram, de um modo geral, aquém das expectativas. As preocupações com a segurança à escala internacional, nacional e pessoal estão cada vez mais a sobrepor-se e a fundir-se. A nível mundial, 840 milhões de pessoas sofrem de subnutrição, sendo África o continente com maior prevalência. Atualmente, 38 milhões de pessoas em África enfrentam "uma ameaça urgente e iminente à sua paz, segurança e estabilidade", uma vez que a escala da questão atingiu níveis de crise nunca antes vistos. As análises e as medidas erradas são as responsáveis pelo facto de os planos de ação para a segurança alimentar continuarem a ser insuficientes. Para formular e pôr em prática políticas internacionais, nacionais e regionais eficazes de forma mais estratégica, são necessários conhecimentos que vão além da sabedoria convencional e ortodoxa. As três componentes da segurança alimentar - disponibilidade, acesso e acessibilidade - que incluem uma vasta gama de factores económicos, sociais e políticos internos e externos interligados - desafiam a capacidade de África para lidar com a segurança alimentar. Em última análise, a fome é uma construção política que tem de ser eliminada por meios políticos.

Atingir a meta global de 0 fome até 2030 é a pedra angular do Objetivo de Desenvolvimento Sustentável 2 (ODS 2). A fome extrema é um problema em muitas nações em desenvolvimento, particularmente nos países africanos, e é frequentemente o resultado de má governação, conflitos armados e alterações climáticas (Otekunrin et al., 2020). Otekunrin et al. (2020) avaliaram o grau de preparação de África para atingir o objetivo de erradicação da fome até 2030, relacionado com a pandemia de COVID-19. Antes da pandemia (2000-2019), foram comparados os padrões do Índice Global da Fome (IGF) e de cada variável em toda a

África. Ao centrarmo-nos nas medidas de atenuação tomadas por países africanos específicos, é explorado o impacto da pandemia na situação de fome em África. De acordo com a nossa investigação, a maioria dos países africanos registou um declínio contínuo nas taxas de mortalidade infantil, mas a elevada prevalência de subnutrição, atraso de crescimento e definhamento infantil aponta para obstáculos significativos que têm de ser ultrapassados para que o objetivo da fome zero seja alcançado. O estudo sugere que os governos africanos dêem prioridade a métodos agrícolas sustentáveis e prestem muita atenção à criação e implementação de políticas que diminuam a fome face à pandemia da COVID-19.

Acredita-se que várias causas subjacentes desempenham um papel nas variações da gravidade da malnutrição infantil (Ekholuenetale et al., 2020). Apesar disso, as desigualdades socioeconómicas são indicadores essenciais da fome crónica e encoberta entre as crianças com menos de cinco anos (Ekholuenetale et al., 2020). Ekholuenetale et al. (2020) efectuaram uma pesquisa para investigar as questões da desnutrição infantil na ASS e a forma como estas se relacionam com os níveis de educação materna e a riqueza do agregado familiar.35 Foram utilizados dados secundários das nações da ASS sobre histórias de nascimentos. Os dados de 384.747 nascimentos entre 2008 e 2017 em 35 países foram examinados pelo Inquérito Demográfico e de Saúde (DHS). As principais variáveis de resultado de interesse foram o atraso de crescimento, o baixo peso, a emaciação, o excesso de peso, a anemia e a sobrevivência de crianças com menos de cinco anos (Ekholuenetale et al., 2020). O nível de escolaridade da mãe e a riqueza do agregado familiar foram os indicadores do estatuto socioeconómico utilizados. O índice de concentração e as curvas de Lorenz foram os principais métodos para identificar as disparidades nos resultados nutricionais (Ekholuenetale et al., 2020). O nível de significância estatística escolhido foi de 5%. De acordo com os resultados, Madagáscar (48,4%) e Burundi (54,6%) apresentaram a prevalência mais significativa de crianças raquíticas (Ekholuenetale et al. 2020). No Chade e no Níger, 32,5% e 35,5% das crianças tinham excesso de peso. A Nigéria (16,6%) e o Benim (16,4%) registaram o maior desperdício de crianças. De um modo geral, a maior riqueza do agregado familiar superou consideravelmente a menor riqueza do agregado familiar em termos de excesso de peso e sobrevivência de crianças com menos de cinco anos (Cone. Index = 0,0060; $p < 0,001$ e Cone. Index = 0,0041; $p = 0,002$, respetivamente) (Ekholuenetale et al. 2020). Ao contrário, anemia (Cone. Índice = 0,0402; $p <0,001$), emaciação (Cone. Índice = 0,0711; $p <0,001$), baixo peso (Cone. Índice = 0,1369; $p <0,001$), retardo de crescimento (Cone. Índice = 0,1032) e outras condições foram significativamente menos comuns nos grupos de maior riqueza familiar do que nos grupos de menor riqueza familiar (Ekholuenetale et al. 2020). Além disso, crianças menores de cinco anos de mães com maior nível de escolaridade sobreviveram muito mais tempo do que mães com menor nível de escolaridade (Cone. Index = 0,0064; $p <0,001$). No entanto, as crianças de mães com níveis académicos mais baixos apresentaram taxas significativamente mais elevadas de atraso de crescimento (Índice Cone. = 0,0990; p 0,001), peso insuficiente (Índice Cone. = 0,1855; $p < 0.001$), emaciação (Índice Cone. = 0,1657; $p <0,001$), excesso de peso (Índice Cone. = 0,0046; $p <0,001$) e anemia (Índice Cone. = 0,0560; $p <0,001$) (Ekholuenetale et al. 2020). Houve disparidades significativas entre crianças urbanas e rurais com base no status de riqueza doméstica em relação ao atraso de crescimento, baixo peso, excesso de peso e anemia. No que respeita ao nível de escolaridade das mães com baixo peso, subnutridas e desperdiçadas, verificou-se uma diferença substancial na ocorrência entre crianças de zonas urbanas e rurais (Ekholuenetale et al., 2020). Um progresso socioeconómico contínuo, equitativo e partilhado poderia reduzir a subnutrição na população em geral. As intervenções que visam aumentar o acesso aos alimentos também podem ajudar a diminuir a fome em comunidades com elevados níveis de pobreza (Ekholuenetale et al., 2020).

As condições climatéricas extremas e a seca têm um impacto negativo na capacidade das populações rurais de manterem o seu modo de vida (Maione, 2020). Contribuem significativamente para a escassez de alimentos no Norte do Quénia (Maione, 2020). Devido à sua elevada suscetibilidade no seio da população, as crianças e os idosos são particularmente afectados por doenças relacionadas com a fome e a malnutrição, devido à sua incapacidade de se adaptarem às condições climáticas locais variadas e variáveis e aos baixos níveis de resistência (Maione, 2020). Em resposta a estas circunstâncias, o governo queniano desenvolveu o Hunger Safety Net Programme (HSNP), que se encontra atualmente na sua terceira fase de funcionamento em 2009 (Maione, 2020). Um dos principais elementos da Visão 2030 do Quénia, o plano de desenvolvimento do país, é o HSNP (Maione, 2020). Os seus principais objectivos são garantir a segurança alimentar para todos e promover a inclusão financeira através de transferências monetárias (Maione, 2020). As agências internacionais fornecem a maior parte do financiamento para estas iniciativas (Maione, 2020). A expansão do acesso às transferências de dinheiro ajuda os agregados familiares desfavorecidos que perderam o acesso aos recursos agrícolas e naturais em resultado de fenómenos meteorológicos adversos, bem como da alteração das pressões socioeconómicas (Maione, 2020). Nesta situação, as pessoas que dependem dos recursos naturais não podem garantir o seu bem-estar atual e futuro (Maione, 2020). Desde o início da sua implementação em 2009, o HSNP apoiou 69 000 agregados familiares, abrangendo 31% da população das zonas mais pobres (Maione, 2020). O seu crescimento através do aumento dos recursos financeiros permitirá que mais agregados familiares altamente susceptíveis aumentem a sua resiliência, giram melhor as ameaças climáticas e garantam o seu bem-estar futuro (Maione, 2020). Os futuros esforços de investimento nacional e estrangeiro devem concentrar-se em programas de seguros, apoio técnico, regulamentos que reduzam o risco de catástrofes, proteção do capital natural e programas de compensação (Maione, 2020).

O objetivo de Song e Imai (2019) era avaliar os efeitos imediatos e a viabilidade a longo prazo do Hunger Safety Net Programme (HSNP) do Quénia. O impacto da participação no programa no Índice de Pobreza Multidimensional (IPM) do agregado familiar é estimado utilizando métodos de diferença na diferença e de correspondência de pontuação de propensão (Song e Imai, 2019). Song e Imai (2019) descobriram que a participação no programa diminuiu consideravelmente o MPI, que é principalmente impulsionado pelo componente de insegurança alimentar, e que a diminuição da pobreza é atribuível à redução da incidência e gravidade da pobreza, particularmente esta última, entre as famílias ultra-pobres (Song e Imai, 2019). As fraquezas na implementação e financiamento do programa, bem como o foco de curto prazo da avaliação de impacto, podem minar a capacidade do programa de contribuir para o desenvolvimento de um Estado poderoso que seja responsável pela erradicação da pobreza, embora o governo do Quénia esteja a fazer progressos na institucionalização da proteção social, de acordo com a nossa análise da economia política do país (Song e Imai, 2019).

2.2.2 Minimização da pobreza

Ser pobre implica não ter dinheiro ou outros recursos suficientes para sustentar um modo de vida sustentável (Marcella & Chowdhury, 2020). Traduz-se em fome e subnutrição, acesso restrito a cuidados de saúde e outras necessidades, isolamento social e preconceito, e falta de envolvimento na tomada de decisões (Marcella & Chowdhury, 2020). Diferentes grupos sociais sentem desproporcionadamente o custo da pobreza (Soerge etal., 2021).

A Cimeira Social Mundial declarou a eliminação da pobreza um imperativo ético, social, político e económico da humanidade. Exortou os governos a abordar as causas subjacentes à pobreza, a satisfazer as necessidades básicas de todos e a garantir que as pessoas em situação de pobreza tenham acesso a recursos que possam ser utilizados em seu benefício, como o crédito, a educação e a formação (Shyu, 2021). A 24.ª Sessão Especial da Assembleia Geral, dedicada à revisão dos compromissos de Copenhaga, estabeleceu objectivos para reduzir para metade a percentagem de pessoas que vivem em situação de pobreza extrema até 2015 (Soerge et al. 2021). Esta decisão foi tomada em reconhecimento da falta de progressos na luta contra a pobreza. A Cimeira do Milénio designou este objetivo como Objetivo de Desenvolvimento do Milénio 1 (Larionova, 2020).

Os objectivos internacionais de desenvolvimento, que fazem parte da agenda global das Nações Unidas para o desenvolvimento e foram estabelecidos em conferências e cimeiras da ONU nos domínios económico, social e afins, devem ser integrados nas políticas e acções nacionais (Hickmann et al., 2023). A Assembleia Geral declarou a Segunda Década das Nações Unidas para a Erradicação da Pobreza (20082017) para apoiar este quadro alargado de erradicação da pobreza, salientando simultaneamente a necessidade de reforçar o papel de liderança da ONU na promoção da cooperação para o desenvolvimento global, que é essencial para acabar com a pobreza (Agbo, 2023).

Para abordar o desenvolvimento de uma perspetiva social, é necessário abordar a pobreza em todas as suas manifestações. Defende uma abordagem centrada nas pessoas para erradicar a pobreza. Apoia a plena participação dos pobres em todas as facetas da vida política, económica e social, nomeadamente na criação e aplicação de leis que tenham impacto nos segmentos mais vulneráveis e desfavorecidos da sociedade (Ruland, 2019). O desempenho de políticas que visem uma distribuição mais justa da riqueza e do rendimento e da cobertura da segurança social é necessário para uma estratégia integrada de erradicação da pobreza.

Para abordar o desenvolvimento de uma perspetiva social, é necessário abordar as suas manifestações de pobreza (Khanam, 2021). Defende uma abordagem centrada nas pessoas para erradicar a pobreza. Apoia a plena participação dos pobres em todas as facetas da vida política, económica e social, nomeadamente na criação e aplicação de leis que tenham impacto nos segmentos mais vulneráveis e desfavorecidos da sociedade (Khanam, 2021). A implementação de políticas que visem uma distribuição mais justa da riqueza e do rendimento e da cobertura da segurança social é necessária para uma estratégia integrada de erradicação da pobreza (Ruland, 2019). A discussão sobre os méritos e constrangimentos das iniciativas mais recentes de redução da pobreza deve considerar uma perspetiva social. Uma análise aprofundada da forma como as políticas económicas e sociais afectam os pobres e outros grupos sociais vulneráveis é necessária para a análise da pobreza numa perspetiva social. A técnica da Análise do Impacto Social e da Pobreza (PSIA) avalia os efeitos sociais e económicos das mudanças em vários grupos sociais e económicos (Le et al. 2019). Uma PSIA devidamente executada promove o debate político nacional, fomenta a apropriação nacional das políticas de desenvolvimento e pode ajudar a implementar os Acordos de Copenhaga.

Embora a redução da pobreza seja atualmente uma prioridade máxima, ainda não existe um acordo global sobre a forma de a definir. De acordo com a perspetiva de um economista, a pobreza monetária ocorre quando o rendimento de uma família desce abaixo de um limiar pré-determinado (Le et al. 2019). As meras noções de crescimento económico e modernização implicam premissas de valor implícitas e explícitas em relação ao que Mahatma Gandhi uma vez chamou de objetivos desejáveis para a realização do potencial humano. Até 2030, os líderes mundiais prometeram erradicar a pobreza. A eliminação da desigualdade que mantém as mulheres empobrecidas é a única forma de concretizar este desejo (Creamer et al., 2022). Em todo o mundo, 1 em cada 5 raparigas vive em famílias que ganham menos de 1,90 dólares por dia, o que as deixa sem dinheiro suficiente para um abrigo adequado, alimentação, cuidados médicos ou educação. As mulheres têm mais probabilidades do que os homens de ganhar menos de 1,9 dólares por dia (Hallegatte, 2020). Como as mulheres se esforçam por equilibrar o trabalho remunerado com uma parte injusta da responsabilidade de cuidar dos filhos e de outros dependentes, as disparidades de pobreza entre homens e mulheres entre os 25 e os 34 anos são particularmente graves. No mundo, há 122 mulheres pobres por cada 100 homens nesta faixa etária (Davidson et al., 2020). O acesso injusto aos recursos financeiros é a causa da pobreza entre as mulheres. Elas podem ser forçadas a trabalhar por salários mais baixos do que os dos homens em certas profissões devido a normas discriminatórias (Creamer et al., 2022). Os regulamentos legais podem limitar a sua capacidade de herdar propriedades ou de solicitar crédito. As mulheres que ficam financeiramente dependentes dos homens têm mais probabilidades de viver na pobreza e de ter menos segurança financeira (Creamer etal., 2022).

Um dos 47 condados do Quénia, o condado de Machakos, é um dos oito da região oriental. O condado faz fronteira com as seguintes áreas: Condados de Nairobi e Kajiado, a oeste; Condado de Makueni, a sul; Condado de East Kitui, a leste; e Condados de Embu, Murang'a e Kiambu, a norte (Watmough et al., 2019). A maior parte dos 6208,2 km do condado de^2 é coberta por terras semiáridas. O Condado é constituído por oito sub-condados, ou círculos eleitorais: Masinga, Yatta, Kangundo, Matungulu, Kathiani, Mavoko, Machakos Town e Mwala. Existem quarenta alas e setenta e cinco localidades no Condado. Está situado entre as longitudes 36°45'East e 37°45'East e as latitudes 0°45'South e 1°31'South. O Condado tem 1 098 584 habitantes, de acordo com o Censo da População e da Habitação do Quénia de 2009. Em 2015, o Gabinete Nacional de Estatística do Quénia previu que a população do país aumentaria em 1 238 650 e, em 2017, em 1 289 200. Prevê-se que a população aumente 1% por ano, em média, e que os homens cresçam 1% mais do que as mulheres. Em média, vivem no Condado cento e oitenta e oito pessoas por quilómetro quadrado. A dimensão média dos agregados familiares é de quatro pessoas e 65,5% das pessoas vivem até à idade adulta. 60,7% das pessoas vivem em situação de pobreza absoluta, o que representa 4,7% de toda a pobreza do país. O limiar de pobreza é o ponto de corte a partir do qual uma pessoa é considerada empobrecida. Os dados oficiais mais recentes, compilados em 2005-06, resumiam a distribuição do consumo na base da pirâmide, ou seja, as pessoas que vivem na pobreza. O limiar de pobreza projetado para as famílias rurais e urbanas é de 1.562 KES e 2.913 KES por adulto equivalente por mês, respetivamente. De acordo com as estimativas de 2009, 45,2% das pessoas em todo o país vivem abaixo do limiar de pobreza, uma diminuição em relação aos 46% registados em 2005-2006. (2009, KNBS) Com 61,3% da sua população a viver abaixo do limiar de pobreza, o subcondado de Masinga registou a taxa mais elevada - 15,3% acima da média nacional. Com 22,8%, 23,2% abaixo da média nacional, Mavoko teve a taxa mais baixa.

O estudo foi realizado pelo Gabinete Nacional de Estatística do Quénia (KNBS) do Ministério do Planeamento e do Desenvolvimento Nacional. As medidas de pobreza neste estudo são derivadas do modelo estabelecido por Foster, Greer e Thorbecke (1984) (Ilinca et al., 2019). O modelo cria métricas de pobreza usando as linhas de pobreza Food-Energy-Intake (FEI) calculadas a partir dos dados do K1HBS. As conclusões do estudo refutam a noção defendida por alguns de que o distrito de Machakos era extremamente empobrecido e mostraram que, ao utilizar dados agregados a nível nacional, a pobreza nas zonas rurais não era tão elevada como relatado. Em comparação com as taxas obtidas pela República do Quénia (2007a) de Po = 53.1%, Pi = 19.3%, P2 = 9.8% e Po = 58.8%, Pi = 20.9%, e P2 = 10.7%, respetivamente, as taxas de pobreza alimentar e global ao nível do distrito foram estimadas em Po = 15.49%, Pj = 2.95%, P2 =1% e Po = 37.6%, Pi = 8.9%, e P2 = 3.5%. Os resultados destacam o valor de empregar dados desagregados em vez de combinar constantemente dados nacionais e combinados a níveis mais baixos, como o distrito, que fornece informações mais precisas sobre o estatuto 0 e a pobreza numa determinada comunidade. O relatório recomenda políticas para reduzir a pobreza no distrito de Machakos e na nação.

O Quénia, tal como todas as outras nações africanas, concentrou-se na redução da pobreza após a independência, em parte devido ao grau de vulnerabilidade da população e em parte devido aos discursos económicos "trickle down" então vigentes, que defendiam que a pobreza era mais importante do que a distribuição e que, à medida que a nação se tornasse mais rica, a riqueza acabaria por chegar aos membros mais vulneráveis da sociedade (Katumo, 2010). Consequentemente, a desigualdade raramente era discutida em contextos académicos, políticos ou políticos. No entanto, no passado recente, os factores sociais, incluindo a disponibilidade de água potável, a educação e as condições sanitárias, tornaram-se importantes para determinar a qualidade de vida de um indivíduo. A falta destas necessidades agrava a pobreza e diminui a qualidade de vida das pessoas. É um desafio aliviar a pobreza, mesmo em economias em crescimento, uma vez que os diferentes grupos têm grandes disparidades no acesso a estas comodidades básicas. A revista The Economist (1 de junho de 2013) afirma que um aumento de 1% do rendimento em países desiguais resulta numa escassa diminuição de 0,6% da pobreza. Nas nações mais equitativas, um aumento de 1% resulta numa diminuição de 4,3% da pobreza. Consequentemente, a pobreza e a desigualdade são componentes da mesma questão e existe um argumento convincente a favor da expansão económica e de medidas redistributivas. À luz disto, o objetivo de crescimento anual de 10% da Visão 2030 do Quénia deve garantir a diminuição da desigualdade e que os recursos e os projectos de desenvolvimento beneficiem todos de forma igual (Katumo, 2010).

No Quénia, a pobreza rural constitui um importante obstáculo ao desenvolvimento. Eichsteller et al. (2022) examinaram a forma como a agricultura e as práticas agrícolas se alteraram na sua contribuição para a saída da pobreza a longo prazo desde 2000, utilizando dados de grupos de reflexão, entrevistas sobre a história de vida e um inquérito de painel realizado nas zonas rurais do Quénia. No contexto das alterações climáticas, examinamos os factores ambientais, sociais e pessoais que apoiam a conversão das práticas agrícolas que permitem às pessoas sair da pobreza (Eichsteller et al., 2022). De acordo com a nossa investigação, a agricultura continua a desempenhar um papel crucial no bem-estar social e económico das famílias quenianas. As conclusões do estudo sugerem que pode haver relações confusas entre a acumulação de activos e as formas de sair da pobreza, que pode ser difícil para as famílias com baixos rendimentos transformar as práticas agrícolas em lucro e que os choques relacionados com as alterações climáticas agravam estas questões. Eichsteller et al. (2022) afirmam que as limitações nos processos e estruturas de conversão, tais como infra-estruturas inadequadas, desafios persistentes na aquisição e herança de terras, métodos agrícolas insustentáveis e ignorância persistente sobre a agricultura inteligente face ao clima, têm impacto não só na capacidade de adaptação e de atenuação dos efeitos dos choques ambientais, mas também na capacidade de escapar à pobreza. A base das intervenções públicas destinadas a reduzir a pobreza nas zonas rurais do Quénia no contexto das alterações climáticas deve ser o desenvolvimento de procedimentos de conversão para melhorar as actuais estruturas de conversão. Os esforços do Quénia para combater a pobreza produziram apenas resultados irregulares nas últimas décadas. As estatísticas oficiais do Quénia sobre a pobreza para 2015-16 mostram que 36% das pessoas viviam na pobreza. Isto representa uma diminuição de apenas 11% da pobreza nos dez anos anteriores, a partir de 2005-06 (KNBS, 2016).

Em contraste com as zonas periurbanas (28%) e as zonas urbanas centrais (29%), as taxas de pobreza eram significativamente mais elevadas nas zonas rurais (40%) do que nas zonas periurbanas (28%) e nas zonas urbanas centrais (29%). Nas regiões remotas, áridas e escassamente povoadas do nordeste do país (Turkana e Mandera), as taxas de pobreza eram de quase 80%. No início da década de 2000, assistiu-se a uma diminuição da pobreza, a que se seguiu um período de crescimento económico relativamente rápido. Após uma queda da pobreza no início da década de 2000, a nação registou um crescimento económico relativamente robusto, com um crescimento anual médio de 3,7% entre 2000 e 2009 (Banco Mundial, 2012 NSNP Assessment). Em 2010, assistiu-se a uma recuperação ainda mais forte do desenvolvimento económico, atingindo 4,2%, e, desde 2013, tem aumentado consistentemente acima de 2,5% ao ano (Banco Mundial, 2018). No entanto, uma parte significativa da população do Quénia continua a viver na pobreza, apesar do crescimento económico consistente do país.

2.1.3 Escassez e acesso à água

O termo "escassez de água" descreve uma situação em que existe um desequilíbrio entre a oferta e a procura de água doce. A falta de acesso a água segura e a preços acessíveis para satisfazer as necessidades da sociedade ou uma situação em que os pedidos da sociedade são satisfeitos à custa do ambiente caracterizam uma situação conhecida como escassez de água, que é um estado multidimensional de privação humana. Embora a escassez de água possa afetar regiões inteiras, são as populações mais vulneráveis e desfavorecidas que sofrem os piores efeitos. Esta estatística realça a importância das variáveis institucionais e económicas que determinam a escassez de água. Como resultado, a escassez de água é normalmente vista à luz das suas limitações físicas e factores financeiros.

A água azul e a água verde (humidade do solo e água de massas de água ou aquíferos, respetivamente) são afectadas pela escassez física de água. A escassez de água verde (GWS) no contexto da produção vegetal refere-se a uma situação em que o regime de precipitação fica aquém das necessidades hídricas das culturas (CWRs) (Liu et al. 2017). A irrigação é, por conseguinte, necessária durante pelo menos uma parte do ano para evitar um crescimento das culturas limitado pela água. Se os recursos hídricos azuis renováveis disponíveis forem insuficientes para satisfazer as necessidades de água de irrigação, ocorre escassez de água azul (BWS) nas terras de cultivo confrontadas com GWS (Xinchun et al. 2017). Neste contexto, os recursos renováveis de água azul podem ser retirados dos aquíferos e das massas de água superficiais sem esgotar as águas subterrâneas ou reduzir os caudais ambientais, ou seja, os caudais necessários para manter os habitats aquáticos (Rosa et al. 2020). No caso da BWS, os agricultores têm duas opções: ou podem utilizar técnicas de irrigação sustentáveis, ficando aquém da CWR (i.e., "irrigação deficitária"), ou podem utilizar técnicas de irrigação não sustentáveis, comprometendo as reservas de água subterrânea e os caudais ambientais (Xinchun et al. 2017). A água azul, que está na base da crescente rivalidade entre a utilização da água para fins sociais e ecológicos, tem estado no centro da discussão sobre a escassez de água. A água azul é cada vez mais vista como uma questão socioambiental global que tem sido associada a preocupações com a segurança alimentar e energética.

Além disso, o BWS é abordado explicitamente na Meta 6.4 dos Objectivos de Desenvolvimento Sustentável (ODS) para garantir recursos hídricos azuis suficientes para pessoas e ecossistemas. No entanto, embora os sistemas de água verde (GWS) contribuam para cerca de 65% da produção agrícola mundial, têm recebido muito menos atenção (Pizzi et al., 2020). A agenda dos ODS ainda carece de uma estratégia de gestão da água verde. A questão da escassez económica de água (EWS) tem recebido ainda menos investigação.

O Relatório sobre o Desenvolvimento Mundial da Água (WWDR) de 2018 da Organização das Nações Unidas (ONU) fornece informações actualizadas sobre as tendências actuais da disponibilidade de água potável e previsões para o futuro. Para muitas pessoas, a segurança da água - a capacidade de manter um acesso sustentável a um abastecimento de água adequado e de qualidade aceitável - já está em perigo e a situação irá piorar nas próximas décadas (Boretti & Rosa, 2019). No mundo atual de 7,7 mil milhões de pessoas, a escassez de água potável é um problema significativo. Em 2050, quando a população mundial tiver crescido entre 22 e 34%, de 9,4 para 10,2 mil milhões de pessoas, a carga sobre o sistema hídrico será mais significativa (Van Vliet et al.2021). O aumento desigual da população em locais não relacionados com os recursos locais irá agravar a pressão. A maior parte desta expansão populacional está prevista nos países em desenvolvimento, principalmente em África e na Ásia, onde a falta de água potável é um problema significativo (Nguyen etal., 2020).

Majeed e Luni (2019) argumentaram que 3,6 mil milhões de pessoas, ou seja, 47% da população mundial, residem atualmente em regiões que sofrem de escassez de água durante pelo menos um mês por ano. Em 2050, 57% da população mundial viverá em zonas com escassez de água durante pelo menos um mês do ano (Konapala et al., 2020). Numerosas circunstâncias geopolíticas incertas influenciam a procura, os recursos e a qualidade da água. A deterioração do abastecimento de água e da qualidade da água pode ser mais difícil de gerir (Majeed & Luni, 2019). O aumento da população, a expansão económica e a alteração dos hábitos de consumo contribuem para o aumento da procura de água. Nos últimos 100 anos, a procura de água aumentou 600% em todo o mundo (Ungureanu et al. 2020). Isto traduz-se numa taxa de crescimento anual de 1,8%. A atual taxa de crescimento anual é inferior, de 1 %. No entanto, esta estimativa pode ser otimista (Ungureanu et al., 2020). Nas próximas duas décadas, haverá um aumento considerável da procura de água nos três sectores: indústria, residencial e agricultura. Embora a procura residencial e industrial aumente mais rapidamente do que a procura agrícola, o mercado agrícola continuará a ser o mais elevado. O crescimento da procura noutras indústrias que não a agricultura ultrapassará o sector agrícola.

Até 2050, a demanda total de água global, que atualmente é de cerca de 4.600 km3 anuais, aumentará de 20% a 30%, atingindo 5.500 a 6.000 km3 (Hasan et al. 2019). Até 2025, a demanda global de água para a agricultura terá aumentado 60% (Leal Filho et al., 2022). A população mundial aumentará de 22% a 32% até 2050, atingindo 9,4 a 10,2 mil milhões de pessoas. A África (+1,3 bilhão, ou +108% do valor atual) e a Ásia (+0,75 bilhão, ou +18% do valor atual) terão a maior expansão populacional. Nas cidades, residirão dois terços da população mundial (Hasan et al.2019).

De acordo com McNally et al. (2019), 70% de toda a utilização de água no mundo é atualmente utilizada para a agricultura. A irrigação é a principal utilização para a maioria. As estimativas e projecções a nível mundial são nebulosas. A procura de alimentos aumentará 60% até 2050 e, para responder a este crescimento, serão necessárias mais terras aráveis e mais produção. Este facto implicará a utilização de mais água. Atualmente, 20% do abastecimento mundial de água é utilizado para fins industriais. A indústria transformadora representa 25% da indústria, com a produção de energia a representar 75% (Feyen et al., 2020). Em todo o mundo, a procura de água para a indústria aumentará até 2050, exceto na América do Norte e na Europa Ocidental (McNally et al. 2019). Em África, onde a utilização industrial é atualmente muito reduzida, a procura de água para a indústria aumentará 800%. Na Ásia, a água de que o sector necessita aumentará 250%. A necessidade de água na indústria aumentará 400% a nível mundial. A utilização global de água para fins energéticos aumentará 20% entre 2010 e 2035 e 85% até 2050 (Feyen et al. 2020). Atualmente, 10% de toda a utilização de água a nível mundial é doméstica. Em quase todo o mundo, exceto na Europa Ocidental, prevê-se que a procura de água para uso doméstico aumente drasticamente entre 2010 e 2050. Em África e na Ásia, haverá um aumento de 300% (Feyen et al.2020). O aumento na América Central e do Sul será de 200%. A expansão dos serviços de distribuição de água às populações urbanas é responsável por este aumento.
É evidente que, até 2050, a procura de água aumentará significativamente, mas de forma desigual em cada continente (Fitton et al. 2019). A disponibilidade de água não pode ser superior à procura de água. Apesar do aumento da procura de água, existe uma escassez de água devido ao esgotamento dos recursos e à poluição. A qualidade dos recursos hídricos superficiais disponíveis diminuirá e a sua distribuição espacial e temporal alterar-se-á, embora se preveja que a sua disponibilidade se mantenha praticamente constante a nível continental (Feyen et al., 2020). É mais provável que os aquíferos sequem e a intrusão salina nas zonas costeiras será notória. Em contrapartida, registar-se-á uma expansão mundial desigual da população, do PIB e da necessidade de água (Fitton et al. 2019). A magnitude das alterações será substancialmente mais significativa a nível sub-regional do que a nível nacional ou global.
Atualmente, existem circunstâncias de escassez de água em muitos países. Até 2050, muitos mais países registarão uma diminuição do acesso aos recursos hídricos de superfície. Cerca de 1,9 mil milhões de pessoas, ou seja, 27% da população mundial, viviam em locais onde a escassez de água era grave no início e em meados da década de 2010. Este número aumentará entre 42% e 95%, ou seja, 2,7 a 3,2 mil milhões de pessoas, até ao ano 2050 (Huang, Yuan, & Liu, 2021). Se a variabilidade mensal for tida em conta em vez da variabilidade anual, 3,6 mil milhões de pessoas em todo o mundo, ou seja, pouco menos de 50% da população mundial, residem atualmente em zonas potencialmente afectadas pela escassez de água durante pelo menos um mês por ano. Em 2050, este número aumentará de 33 para 58%, para 4,8 a 5,7 mil milhões. A Ásia alberga mais de 73% das pessoas afectadas pela escassez de água (Huang, Yuan, & Liu, 2021).
O consumo global de água subterrânea na década de 2010 totalizou 800 km3 por ano.5 67% das extracções mundiais foram feitas na China, Irão, Paquistão, Índia e Estados Unidos. As extracções de água para irrigação são a principal causa do esgotamento das águas subterrâneas a nível mundial. Em 2050, a extração de água subterrânea terá aumentado 1.100 km3 por ano, ou seja, 39% (Van Vliet, 2021). O esgotamento da água a nível das bacias pode agravar-se se a utilização da água para irrigação for mais eficiente. As extracções mundiais já

estão próximas dos seus limites máximos sustentáveis, com cerca de 4 600 km3 por ano (Van Vliet, 2021).

Mais de 30% dos sistemas de águas subterrâneas mais importantes da Terra estão atualmente em dificuldades. As maiores bacias de água subterrânea estão a ficar rapidamente sem água. A quantidade de água que resta nestas bacias nem sempre é conhecida com exatidão (Massa et al., 2020). As pessoas estão a utilizar rapidamente as águas subterrâneas, apesar de não saberem quando estas se esgotarão. Uma vez que se esperava que as águas subterrâneas nunca se esgotassem, o abastecimento de água doce a nível mundial pode ser significativamente mais limitado do que se pensava anteriormente. A nível regional e local, prevêem-se desafios mais graves.

As alterações na disponibilidade e procura de água terão impacto nas alterações ecológicas e vice-versa. A qualidade e a quantidade de água disponível para consumo humano serão afectadas pela conservação ou recuperação dos ecossistemas. A quantidade de floresta no planeta é de cerca de 30%, e 65% já está degradada (Massa et al., 2020). Atualmente, os prados e as regiões com árvores mas com predominância de gramíneas são mais numerosos do que as florestas. Para o pastoreio de animais ou o cultivo de culturas, vastas extensões de florestas e pântanos foram transformadas em prados. Apesar de representarem apenas 2,6% do território, as zonas húmidas são cruciais para a hidrologia (Massa etal., 2020).

Desde 1700, a área de zonas húmidas naturais diminuiu 87% (Liu et al. 2017). Durante o século XX e início do século XXI, a taxa de perda de zonas húmidas foi 370% mais elevada.49 As zonas húmidas diminuíram 64% a 71% desde 1900 (Liu et al. 2017).49 As zonas húmidas interiores registaram perdas mais significativas ao longo do tempo do que as zonas húmidas costeiras. A Ásia regista atualmente a taxa de perda mais significativa. As repercussões da subida do nível do mar não são objeto de atenção suficiente. De acordo com o Relatório das Nações Unidas sobre o Desenvolvimento Mundial da Água de 2018, até ao ano 2050, só haverá água limpa suficiente para cerca de 6 mil milhões de pessoas (Liu et al. 2017). Este é o resultado do enorme crescimento populacional e económico que está a provocar um aumento da procura de água, uma diminuição das reservas de água disponíveis e um aumento da poluição da água. Foi proposto que este número pode estar subestimado e que a escassez de água potável até 2050 pode ser mais significativa devido aos três factores que contribuem para a escassez de água: crescimento desigual, acessibilidade e necessidades (Dolan et al., 2021). Embora o relatório encoraje a adoção de soluções baseadas na natureza numa base ad hoc no âmbito de uma expansão populacional e económica sem restrições, existe uma necessidade urgente de regular a demografia e a economia, ao mesmo tempo que se impõem regras claras para limitar a poluição, preservar os aquíferos e poupar água que se apliquem igualmente em todo o lado (Liu et al. 2017). O objetivo de Liu et al. (2017) era chamar a atenção para as ligações entre o aumento da população, a expansão económica, o consumo de água, o esgotamento dos recursos e a poluição - todos factores que contribuem para a escassez de água - bem como para a importância destes factores numa perspetiva local e não global.

A viabilidade futura da humanidade e a preservação de serviços ecológicos críticos estão seriamente em risco devido à escassez de água (Anim & Ofori-Asenso, 2020). A agricultura necessitará provavelmente de implementar a irrigação em terras de cultivo que são atualmente alimentadas pela chuva, mas onde haveria água suficiente para satisfazer a crescente procura de alimentos sem expandir as áreas cultivadas. Neste caso, a "escassez económica de água na agricultura" é a incapacidade de irrigar devido a uma falta de capacidade institucional e económica e não a limitações hidrológicas (Haddout et al., 2020). Do ponto de vista económico, a localização e o potencial de produtividade das terras agrícolas com escassez de água ainda não são claros. Criámos um estudo geo-hidrológico mensal para mapear as regiões agrícolas afectadas pela escassez económica de água (Aimer et al. 2017). De acordo com a nossa investigação, estas áreas, principalmente na África Subsariana, na Europa Oriental e na Ásia Central, representam 25% das terras agrícolas do mundo (Donnenfeld et al. 2018). Descobriu-se que estes locais, principalmente na África Subsariana, na Europa Oriental e na Ásia Central, representam até 25% das terras cultivadas do mundo (Donnenfeld et al. 2018). Poderão ser alimentados mais 840 milhões de pessoas, evitando simultaneamente uma maior deterioração da escassez de água azul, graças à irrigação sustentável de terras agrícolas economicamente escassas em água.

O aumento da procura mundial de alimentos está a exercer uma pressão sem precedentes sobre os recursos hídricos e terrestres do nosso planeta. Os elementos biofísicos essenciais que afectam a produção de alimentos incluem a água e os nutrientes (Aimer et al. 2017). Embora os avanços tecnológicos tenham tornado economicamente viável para os seres humanos a criação de grandes quantidades de fertilizantes azotados, a água continua a ser um elemento crucial que restringe a produção mundial de alimentos. A produção agrícola deve intensificar-se através do alargamento da irrigação a terras de cultivo com restrições hídricas que são atualmente alimentadas pela chuva, a fim de travar a expansão agrícola e satisfazer a procura crescente de produtos alimentares. As preocupações relativas à capacidade da Terra para alimentar a humanidade com os seus recursos finitos de água doce estão a aumentar devido ao crescimento da irrigação em algumas partes do mundo. Esta situação irá provavelmente colocar ainda mais pressão sobre as massas de água e os aquíferos que já estão esgotados (Aimer et al. 2017).

De acordo com Brunner et al. (2019), prevê-se que as futuras modificações do glaciar e da cobertura de neve nas regiões alpinas alterem os regimes de escoamento no sentido de uma maior descarga no inverno, mas de uma descarga reduzida no verão. A procura máxima de água para a agricultura coincidirá com a baixa descarga estival, aumentando a probabilidade de escassez de água a nível local e regional. As funções actuais dos reservatórios fabricados e dos lagos naturais poderiam ser alargadas de modo a incluir o fornecimento de água para aliviar a escassez de água, como uma possível adaptação a estas alterações. Numa investigação abrangente em toda a Suíça, Brunner et al. (2019) avaliaram a possibilidade de reservatórios e lagos naturais reduzirem a escassez de água. Para 307 bacias hidrográficas, Brunner et al. (2019) calcularam a oferta e a procura de água para o presente e o futuro, tanto em regimes de escoamento típicos como excecionais. As necessidades de água potável, a utilização industrial, a criação de neve artificial, a agricultura, os requisitos de caudal ecológico e a produção de energia hidroelétrica foram todas examinadas. As estimativas do excesso e da escassez de água foram obtidas utilizando as estimativas agregadas da oferta e da procura. A possibilidade de reduzir a escassez de água no verão foi então avaliada através da comparação com a capacidade de armazenamento de reservatórios e lagos naturais numa bacia hidrográfica. De acordo com as nossas conclusões, os Alpes registariam uma menor escassez de água do que a região de planície a norte dos Alpes. Os lagos naturais prometem ajudar esta região de planície a resolver o seu problema de escassez de água. Nos Alpes, este potencial é menor e, consoante o local de interesse, pode aumentar ou diminuir nos próximos anos. As bacias hidrográficas com elevada capacidade de armazenamento podem ajudar a atenuar o défice hídrico mais a jusante. Uma vez que a água armazenada em reservatórios no

lado sul dos Alpes está frequentemente indisponível para utilização no lado norte, Brunner et al. (2019) concluíram que existe um desfasamento espacial entre a escassez de água e a disponibilidade de armazenamento.
De acordo com Li et al. (2020), os seres humanos têm sido confrontados com o importante desafio global da escassez de água. Apesar da extensa investigação sobre a escassez de água a todas as escalas, em particular na megaregião, um conjunto de várias cidades com populações densas e interações estreitas, há uma falta de compreensão completa da escassez de água em ambientes urbanos (Li et al., 2020). A megaregião de Pequim-Tianjin-Hebei (BTH), uma das megaregiões mais importantes da China, serviu de estudo de caso para a análise de Li et al. (2020) das trajectórias espácio-temporais da escassez de água e das suas causas subjacentes. Em primeiro lugar, Li et al. (2020) criaram um novo sistema de medição da escassez de água que podia avaliar separadamente a variação espacial da escassez de água natural e da escassez de água causada pelo homem. Em segundo lugar, Li et al. (2020) examinaram a forma como as múltiplas manifestações de elementos demográficos, sociais, económicos e paisagísticos da urbanização se relacionam com a escassez de água. Os resultados revelaram que a escassez global de água variava tanto espacial como temporalmente entre as diferentes cidades da megaregião BTH; a urbanização afectava principalmente a escassez de água induzida pelo homem e a urbanização económica tinha os efeitos adversos mais substanciais, enquanto a urbanização da paisagem tinha efeitos positivos e a escassez de água física e induzida pelo homem não era espacialmente coincidente. Em geral, as conclusões sublinham a importância de maximizar as estratégias de crescimento económico e de restringir a utilização de água na agricultura para reduzir a escassez de água na megaregião. Outras megaregiões chinesas e algumas outras nações emergentes com problemas semelhantes de escassez de água podem adotar o quadro geral utilizado neste estudo.
A pandemia de COVID-19 de 2020 poderá despertar a atenção das nações em desenvolvimento e dos seus parceiros de desenvolvimento para a água e mudar radicalmente alguns países (Anim & Ofori-Asenso, 2020). O surto de Ébola de 2014-16 na África Ocidental aumentou a sensibilização para a água entre os parceiros de desenvolvimento durante e após o surto e a necessidade de água potável para a prevenção e o tratamento (Anim & Ofori-Asenso, 2020). Não se sabe ao certo como o surto de Covid-19 afectará os países subdesenvolvidos ou a sua segurança hídrica. Por conseguinte, é essencial estar atento à evolução da epidemia e aplicar o que aprendemos. As quatro áreas essenciais de disponibilidade adequada de água, qualidade aceitável da água, gestão dos recursos hídricos e acesso barato à água devem ser o foco das intervenções para aumentar a segurança hídrica.
A escassez de água tem chamado a atenção em todo o mundo nos últimos dez anos devido ao seu impacto na segurança alimentar em países áridos e semi-áridos, particularmente no Médio Oriente e no Norte de África. Nouri et al. (2019) examinaram como a cobertura morta do solo e a irrigação por gotejamento podem ajudar as culturas a serem produzidas com menos uso de água, talvez aliviando a escassez de água. O estudo foi o primeiro a fazê-lo na escala da bacia hidrográfica, combinando pesquisa de campo e dados locais para contabilizar diferentes culturas, multi-culturas, padrões de cultivo e mudanças espaciais nas caraterísticas de temperatura, solo e gerenciamento de campo. Dez culturas importantes na bacia do Alto Litani (ULB), no Líbano, foram avaliadas utilizando o modelo AquaCrop-OS e o padrão global de avaliação da pegada hídrica (WFA) para as suas pegadas hídricas verde e azul. Estas duas práticas alternativas foram comparadas com o cenário atual no que diz respeito à conservação da água azul e à redução da escassez de água azul. Os resultados demonstram

que o tipo de solo tem menos impacto na água azul da produção agrícola do que o clima. A água azul anual das culturas de verão foi mais elevada, enquanto o abastecimento de água foi mais baixo. A água azul foi reduzida em 3,6%, e quando a cobertura vegetal foi combinada com a rega gota a gota, foi reduzida em 4,7%. As poupanças de água azul projectadas com o mulching foram de 6,3 milhões de m3/ano e de 8,3 milhões de m3/ano quando o mulching foi combinado com a rega gota-a-gota. Embora significativas, estas poupanças são insuficientes para levar o total de água azul no verão para um nível sustentável ao nível da bacia hidrográfica (Nouri etal.,2019).

Prevê-se que a frequência e a gravidade das ocorrências de escassez hídrica grave (SWS) aumentem devido ao aquecimento global, o que teria um impacto significativo nas culturas alimentadas pela chuva, como o trigo, uma fonte primária de calorias e proteínas para os seres humanos. Tmka et al. (2019) criaram uma técnica para medir simultaneamente a SWS em toda a região de cultivo de trigo do planeta e determinar a probabilidade de episódios múltiplos/sequenciais de SWS para climas actuais e futuros. Até ao final do século, até 60% da atual região de cultivo de trigo sofrerá episódios simultâneos de SWS, contra os 15% actuais, de acordo com as nossas previsões (via de concentração típica 8,5). Mesmo que as alterações climáticas se estabilizassem de acordo com o Acordo de Paris, as suas consequências adversas mais do que quadruplicariam entre 2041 e 2070, em comparação com os níveis actuais (Tmka et al., 2019). A possibilidade de secas graves, prolongadas e quase simultâneas em importantes áreas mundiais de produção de trigo deve ser incluída em estimativas futuras de choques de produção na segurança alimentar (Tmka et al., 2019).

Embora milhões de pessoas já não tenham acesso a água suficiente para beber e para as necessidades sanitárias, os recursos hídricos na região do Médio Oriente estão a tornar-se cada vez mais escassos. Nesta região, o esgotamento das reservas de água tornou-se um problema grave que só irá piorar. Estudos recentes utilizando análises de deteção remota mostram que o armazenamento de água está a diminuir no Médio Oriente, onde a agricultura é vital para a vida socioeconómica. Nos países do Médio Oriente com dificuldades em gerir as suas reservas de água, Bozorg-Haddad et al. (2020) propõem um método para estimar o esgotamento da água. Além disso, Bozorg-Haddad et al. (2020) resumem várias soluções potenciais e os resultados de um inquérito que avalia a disponibilidade e a utilização da água nos países do Médio Oriente. A utilização da água pelo Irão é especificamente avaliada e comparada com a dos países vizinhos. Dois indicadores de escassez de água calculados para os países do Médio Oriente em estudo foram a anomalia do equivalente de água (WEA) e o esgotamento do armazenamento total de água (TWS). De acordo com os dados de Bozorg-Haddad et al. (2020), o Irão, o Líbano, a Síria e a Síria têm todos índices de escassez de água muito baixos. Estes números demonstram a necessidade de cooperação internacional para gerir os recursos hídricos regionais e travar o declínio dos recursos de água doce. Aqui, mostra-se como o comércio virtual de água pode ajudar as nações do Médio Oriente a lidar com a sua escassez de água regional.

2.1.4 Nível de vida no Quénia

Nos últimos dez anos, a nação implementou mudanças políticas e económicas substanciais que ajudaram a promover o desenvolvimento social, a estabilidade política e um crescimento económico estável. No entanto, a pobreza, a desigualdade, o desemprego jovem, as alterações climáticas, as questões de responsabilização e transparência, o baixo investimento do sector privado e a suscetibilidade da economia a choques internos e externos continuam a ser os principais obstáculos ao desenvolvimento (Simiyu et.a al., 2019). Entre 2015 e 2019, a economia do Quénia registou um crescimento generalizado a uma taxa média anual de 4,8%, o que resultou numa diminuição considerável da pobreza, de 36,5% em 2005 para 27,2% em 2019 (o limiar de pobreza de 2,15 dólares/dia) (Simiyu et al., 2019).

O choque pandémico da COVID-19 em 2020 prejudicou gravemente a economia global, causando perturbações no turismo, nos serviços urbanos e no comércio e transporte internacionais (Debela et al., 2020). Felizmente, o pilar da economia - a agricultura - manteve-se forte, diminuindo o PIB para apenas 0,3%. A economia registou um regresso robusto em 2021, expandindo-se a uma taxa de 7,5%, apesar da pressão em sectores específicos como o turismo. No entanto, o crescimento do PIB abrandou para 4,8% em 2022 e espera-se que aumente para 5,0% em 2023 (Debela et. al. 2020). Após um aumento no início da epidemia, a taxa de pobreza retomou agora a sua tendência descendente. Embora o panorama económico seja, de um modo geral, favorável, subsistem muitas incógnitas. Um desses factores é a suscetibilidade do Quénia aos efeitos da guerra ucraniana sobre os preços mundiais, na medida em que é um importador líquido de gasolina, trigo e fertilizantes (Debela et al. 2020).

No âmbito da assistência prestada ao Quénia, o Banco Mundial apoiou reformas que promovem o objetivo de crescimento equitativo do país, ao mesmo tempo que ajudam a colmatar o défice de financiamento orçamental (Ilinca et al. 2019). Para além de harmonizar o plano de desenvolvimento a longo prazo do país com a Visão 2030 do Quénia, que procura estabelecer o Quénia como uma nação próspera e competitiva com um nível de vida excecional, o modelo económico ascendente do governo atribui a máxima prioridade à habitação a preços acessíveis, aos cuidados de saúde, à agricultura, às micro e pequenas empresas e às indústrias digitais e criativas (Ilinca et al. 2019). Como pode a economia queniana estar mais bem equipada para lidar com os choques externos provocados pelo abrandamento da economia mundial, as cadeias de abastecimento que estão emaranhadas após a COVID-19, o aumento acentuado dos preços de produção e a possibilidade de um conflito na Ucrânia que conduza à insegurança alimentar global? Economistas de renome que supervisionam uma componente fundamental da nossa sociedade abordaram algumas destas questões críticas no Simpósio Económico da Escola de Gestão da Universidade de Strathmore, realizado em 7 de julho de 2022 (Ilinca et. al. 2019. Os melhores economistas e líderes de opinião do país reuniram-se neste evento para debater as oportunidades e os desafios que a economia nacional enfrenta.

A taxa de inflação anual do Quénia ultrapassou o intervalo de 2,5% a 7,5% fixado pelo Banco Central do Quénia em junho de 2022, a primeira vez que tal aconteceu desde agosto de 2017 (Agayi & Karakayaci, 2020). O custo dos combustíveis, dos alimentos e dos bens de primeira necessidade está a tornar-se cada vez mais difícil de suportar para o cidadão comum, e a indústria está a ter dificuldade em manter-se competitiva, uma vez que os custos dos factores de produção e dos transportes aumentam rapidamente e a escassez em toda a economia mundial faz subir os custos, já de si elevados. Existem ventos contrários inflacionistas significativos para todo o planeta. Prevê-se que a média anual global de 3,8% de 2001 a 2019 ultrapasse os 7,9% em 2022 (Agayi & Karakayaci, 2020). O futuro económico é, na melhor das hipóteses, incerto, e a probabilidade de uma nova recessão mundial torna o panorama ainda mais ameaçador. O que significa isto para economias abertas e de pequena escala como o Quénia, que são especialmente susceptíveis aos choques do mundo exterior? Que ajustamentos podem os sectores público e privado do Quénia fazer para se protegerem melhor contra um ambiente externo instável?

O Serviço Nacional de Estatística do Quénia informa que, desde 2017, o Quénia tem tido o custo de vida mais elevado (Agayi & Karakayaci, 2020). A epidemia de COVID-19, a inflação mundial e o conflito na Ucrânia tiveram impacto no Quénia. Os problemas locais, incluindo os défices orçamentais contínuos e a gestão financeira inadequada, agravaram-nos. O Quénia enfrenta numerosos desafios socioeconómicos devido à sua rápida urbanização e ao aumento da população (Agayi & Karakayaci, 2020). Em 2018, estimava-se que 16 milhões de pessoas viveriam em zonas urbanas até 2022 (Egger et al. 2021). Em 2030, a população do Quénia - da qual 75% é constituída por jovens entre os 18 e os 35 anos - deverá aumentar para 66,45 milhões (Egger et al. 2021). Infelizmente, uma parte substancial desta população não tem emprego e é marginalizada em termos de representação, participação e acesso a oportunidades. O Professor Terry Ryan, um economista proeminente e membro do conselho consultivo da Universidade de Strathmore, afirmou durante a sessão que não seríamos capazes de resolver questões actuais se não considerarmos o longo prazo e não examinarmos a forma como a economia está estruturada (Egger et al. 2021). Estas questões incluem a incapacidade de prever que indústrias irão emergir da expansão populacional para sustentar o crescimento económico e como a força de trabalho irá absorver novos membros.

O Quénia está a tornar-se cada vez mais urbanizado, o que irá colocar mais pressão sobre a habitação e as infra-estruturas urbanas. Existe uma escassez de habitação, e os bairros de lata e os assentamentos informais estão a aumentar. A urbanização ocorreu em vários países com a industrialização, o desenvolvimento de competências e o crescimento do sector formal urbano (Njiru & Letema, 2018). O mercado de bens associados a unidades habitacionais a preços acessíveis está a crescer no Quénia. Esta procura pode, no entanto, não resultar num aumento acentuado do número de empregos na economia formal do Quénia. O Professor Ryan afirma que o Quénia não produz poupanças suficientes como nação para apoiar a criação de mais empregos de colarinho branco no país. Os empregos no sector legal são muito menos dispendiosos do que os do sector não oficial (Njiru & Letema, 2018). O Quénia possui uma próspera indústria de "Jua Kali" (Njiru & Letema, 2018). O Quénia tem uma indústria "Jua Kali" em expansão que contribui significativamente para o PIB do país. A especialização num determinado domínio e a experiência prática substituíram a educação formal em áreas onde esta é limitada. A adoção de políticas de apoio à indústria "Jua Kali" poderia contribuir para o crescimento económico.

O acesso à água é outro problema óbvio que se tornará mais difícil de resolver no futuro. O Quénia é considerado um país com escassez de água pela ONU porque as reservas sustentáveis de água doce per capita do país são inferiores a 1000 metros cúbicos (Njiru & Letema, 2018). A crise da água no Quénia agravou-se devido a vários problemas, como a poluição da água potável, o aquecimento global e a falta de investimento nos recursos hídricos. Será crucial mapear as fontes de água a que as cidades e vilas têm acesso e fazer investimentos em melhores infra-estruturas e governação da água (Njiru & Letema, 2018).

Os cinco principais centros metropolitanos de Mombaça, Kisumu, Nakuru, Eldoret e Thika ajudam a cidade de Nairobi, a metrópole dominante do país. Outros centros urbanos estão dispersos por todo o país na hierarquia de municípios, cidades, zonas urbanas, zonas rurais e centros de mercado. O Quénia criou uma estrutura governamental descentralizada em 2010 que inclui 47 governos de condado ao nível mais baixo. As políticas e os programas relativos às zonas urbanas podem ser direcionados para megacidades como Nairobi (Wishitemi et. al. 2015). Os condados devem atrair trabalhadores e criar empresas para acomodar a população e a força de trabalho em crescimento e aumentar as receitas. O Quénia deve investir para aumentar a capacidade destas capitais regionais, uma vez que uma urbanização equilibrada exigirá que sirvam de centros para a região.

A pandemia e as alterações climáticas prejudicaram ainda mais o sistema alimentar mundial, que está agora a ser afetado pela guerra na Ucrânia. O Secretário-Geral da ONU, Antonio Guerrero, alertou para o facto de poder estar iminente uma escassez alimentar a nível mundial. O aumento dos preços dos produtos básicos coloca problemas aos países que dependem das importações. Durante a longa estação das chuvas, de março a maio de 2022, as zonas pastoris e agrícolas marginais do leste e do norte do Quénia receberam apenas uma quantidade mínima de precipitação (Wishitemi et al., 2015). O maior risco de agitação civil devido à inflação impulsionada pelos alimentos e pela energia é motivo de preocupação para a maioria das nações da África Subsariana, especialmente durante a crescente agitação política. Poderão ser necessárias regulamentações comerciais que garantam o fluxo ilimitado de alimentos através das fronteiras em toda a região, em resposta às perturbações no abastecimento e à subida em flecha dos preços dos alimentos e dos fertilizantes (Carley & Christie, 2017). A flexibilidade fiscal limitada do Quénia pode obrigar as autoridades a considerar soluções criativas a curto prazo, como a redução ou eliminação dos impostos de importação sobre bens estáveis.

Apesar de serem importados, os óleos vegetais podem ser produzidos internamente de forma rentável. Embora várias sementes oleaginosas, incluindo girassol, sim, soja, colza, coco, rícino e amendoim, possam ser cultivadas e processadas localmente, o Quénia importa 95% das suas necessidades de óleo comestível (Carley & Christie, 2017). A produção local pode ser apoiada por decisões políticas que ajudem os processadores de óleo comestível a apoiar sistemas extensivos de cultivo externo (Gichure et al., 2020). As oportunidades no sector da transformação de sementes oleaginosas acabarão por aumentar a oferta e satisfazer parcialmente a procura do mercado local. Para reduzir as despesas, os transformadores de óleos comestíveis devem unir-se para efetuar aquisições conjuntas e expedir a granel.

Lamentavelmente, os empréstimos e as despesas imprudentes resultaram em défices orçamentais e num forte desejo de contrair dívidas no Quénia. No meio da crise financeira mundial, o Sri Lanka, o Gana e o Paquistão entraram em colapso como dominós (Gichure et al., 2020). Os participantes no simpósio discutiram as razões subjacentes ao dilema da dívida do Quénia. O Quénia é uma economia pequena e aberta, incapaz de resistir a choques se os défices orçamentais colocarem o Quénia numa situação de aperto fiscal e dificultarem a resposta a choques através da aplicação de estímulos orçamentais.

O problema é agravado por várias forças políticas. A responsabilidade fiscal e a política estão ligadas. Apesar de iniciativas de grande envergadura como a nova autoestrada necessitarem de financiamento, muitos querem utilizá-la gratuitamente. As pessoas têm de ser socializadas de forma diferente para compreenderem os efeitos a longo prazo dos megaprojectos e para apoiarem as despesas prudentes dos eleitos. A nação deve concentrar-se na redução das despesas e no desenvolvimento da responsabilidade e disciplina orçamentais. O Diretor Executivo do Instituto de Assuntos Económicos apoiou este ponto de vista e afirmou que, dado o estado da economia, os objectivos da Visão 2030 do Quénia poderão ter de ser reduzidos, porque o aumento das despesas só irá agravar a dívida do país.

Uma gestão ineficaz dos recursos e uma eficiência operacional insuficiente também contribuíram para a ineficácia de muitos projectos. Existe um orçamento para a corrupção? O Quénia tem de deixar de permitir que a corrupção seja um modo de vida. É essencial criar um quadro macroeconómico e fiscal credível para restabelecer a confiança. Uma componente integral é a consecução dos objectivos em matéria de receitas, o cumprimento da legislação fiscal e o alargamento da base tributária. No entanto, devemos gerir os nossos rendimentos de forma responsável. Embora a disciplina quotidiana na gestão dos assuntos públicos possa parecer pouco importante, é essencial para travar a imprudência orçamental (Gichure et al. 2020). A maioria das pessoas concorda que a sustentabilidade orçamental significa implementar políticas que apoiem a expansão económica, preservem os níveis de dívida nacional e estabeleçam uma tributação justa e estável. O Quénia pode fazer face aos constrangimentos presentes e futuros com o apoio de uma política orçamental prudente e da sua aplicação. O provérbio "Vive dentro dos teus meios" é especialmente relevante para os dirigentes e decisores políticos quenianos, uma vez que o país enfrenta choques globais e custos crescentes de reembolso da dívida, já que a dívida bruta do Quénia ultrapassa os 8 triliões de xelins (Gichure et al. 2020). O Quénia não pode voltar atrás no tempo, mas a situação atual sublinha a urgência de reformas da governação para aumentar a transparência da dívida e fortalecer as instituições e as políticas de gestão da dívida.

Juntamente com as terras altas ricas e densamente habitadas que se estendem pelo Vale do Rift, desde o Monte Quénia até ao Lago Vitória, os principais centros urbanos de Nairobi e Mombaça têm sido o foco do desenvolvimento económico (Gichure et al. 2020). A agricultura comercial que produz produtos domésticos e de exportação é a espinha dorsal da economia, e estas zonas apoiam essa produção. No entanto, as regiões classificadas como áridas e semiáridas (ASAL) constituem mais de 80% da área total do Quénia. Nelas residem 70% do efetivo bovino e mais de um terço dos habitantes. A precipitação baixa e irregular é uma caraterística que define estas regiões (Birch, 2018). Enquanto a pastorícia móvel domina as economias dos distritos secos, uma economia mais mista com agricultura de sequeiro e irrigada, agro-pastorícia, bioempresas e empresas relacionadas com a conservação ou o turismo predomina nas zonas semiáridas com melhor água e serviços.

Estas populações ASAL têm a taxa de pobreza mais elevada e os índices de desenvolvimento mais baixos do país. Dezoito dos vinte círculos eleitorais mais pobres do Quénia encontram-se aí. Estima-se que 75-97% dos habitantes dos grandes distritos do norte de Turkana, Marsabit, Wajir e Mandera vivam abaixo do limiar de pobreza absoluta2 (Birch, 2018). A maioria das populações com insegurança alimentar crónica do país são comunidades pastoris, cujas taxas de desnutrição são rotineiramente superiores aos padrões internacionais de emergência. As populações do Quénia têm as taxas de mortalidade materna mais elevadas e a menor densidade de serviços de saúde.

Atualmente, as regiões mais subdesenvolvidas do Quénia são as terras áridas e semiáridas (ASAL), resultado da marginalização política e económica (Erick, 2022). As populações pastoris que vivem nestas terras podem sustentar-se e têm o direito de o fazer, mas há muitos anos que lhes é negada uma estratégia de desenvolvimento adequada e prática. A sua situação difícil ganhou atenção internacional devido à atual catástrofe provocada pela seca, e chegou agora a altura de o governo queniano cumprir o seu programa de desenvolvimento há muito prometido. Atualmente, três milhões e meio de pessoas são afectadas por uma das maiores crises relacionadas com a seca na história do Quénia. A baixa pluviosidade foi o catalisador desta situação, mas o subfinanciamento e a negligência do governo central são, desde há muito, as principais razões. Perder-se-ão mais vidas devido à seca crescente e recorrente e ao subdesenvolvimento crónico se o governo não tomar medidas para fazer passar o seu plano de desenvolvimento sustentável das terras desérticas pelo sistema político (Erick, 2022).

Mais de 30% da população do Quénia e quase metade do seu gado residem nas terras áridas e semiáridas do país (ASAL), que compreendem mais de 80% da massa terrestre do país. É difícil pensar num meio de subsistência mais adequado a este ambiente do que a pastorícia nómada, o modo de vida predominante nas ASAL (Erick, 2022). Durante as chuvas fracas e imprevisíveis, esta é a única forma produtiva de utilizar a terra. Nos ASAL, o sector pecuário gera cerca de 5% do PIB, assegura 95% do rendimento das famílias e é responsável por 90% do emprego (Erick, 2022). Para além de serem os guardiões da mundialmente famosa vida selvagem do Quénia, os pastores também mantêm os habitats das terras secas que sustentam uma indústria de turismo anual avaliada em mais de 50 mil milhões de xelins quenianos (700 milhões de dólares) (Erick, 2022). Os pastores poderiam contribuir significativamente mais para a economia nacional se o quadro político adequado fosse efetivamente aplicado.

As ASAL são as regiões mais empobrecidas do Quénia devido a anos de marginalização política e económica e a péssimas estratégias de desenvolvimento. Na zona seca do nordeste, 64% das pessoas vivem abaixo do nível de pobreza, em comparação com 53% a nível nacional (Chege et al. 2019). Como os serviços essenciais não são suficientemente oferecidos nem adaptados às necessidades da população, a saúde e o nível de escolaridade dos residentes são piores do que os do resto do país. Juntamente com a acessibilidade limitada ao mercado, tem havido uma grave falta de investimento público e privado no desenvolvimento económico e nas infra-estruturas (Chege et al., 2019). Em geral, regista-se um aumento da insegurança, sendo as mulheres pastoras os membros mais desfavorecidos da sociedade devido à sua maior vulnerabilidade.

Para além deste subdesenvolvimento contínuo, os ASALs enfrentam também o problema da seca recorrente. Como as mulheres são historicamente responsáveis pela alimentação das suas famílias e pela recolha e gestão da água, foram particularmente afectadas pela crise atual. Os pastores sofreram enormes perdas de gado devido às condições severas da atual situação relacionada com a seca; antes da chegada das chuvas de abril/May, as perdas de vacas nas áreas mais afectadas podem atingir 95% (Odhiambho, 2015). Setenta por cento das perdas de gado são antecipadas em geral nos ASALs. Até 75% dos pontos de venda locais já entraram em colapso devido às perdas imediatas que provocaram o colapso dos mercados locais (Chege et al. 2019). A gravidade da crise atual deve-se ao esgotamento das estratégias de sobrevivência tradicionais que as pessoas utilizam para sobreviver, o que resulta de anos de negligência do governo central e de tempos de recuperação mais curtos entre secas (Odhiambho, 2015). As comunidades pastoris não teriam sofrido tanto com as crises actuais e anteriores relacionadas com a seca se existisse um quadro adequado para as políticas de desenvolvimento da ASAL e o investimento que se seguiria.

O impacto económico imediato e direto da atual crise é de, pelo menos, 800 milhões de dólares, se se incluir a estimativa de 546 milhões de dólares em perdas de gado e o custo de 258 milhões de dólares da resposta à situação humanitária (Chege et. al. 2019). Este valor aumentará significativamente devido aos efeitos económicos indirectos. Em contrapartida, o governo prevê que serão necessários 3 mil milhões de dólares ao longo de 15 anos para estabelecer as ASAL. O financiamento regular de situações humanitárias de grande escala é muito menos económico do que o investimento no desenvolvimento a longo prazo.

Após muita deliberação, o governo criou a atual Política Nacional para o Desenvolvimento Sustentável das Terras Áridas e Semiáridas do Quénia, considerada uma estratégia de desenvolvimento bem-sucedida para as ASAL. O princípio principal da política é a participação das comunidades locais no seu desenvolvimento (Chege et al. 2019). O governo sugere que a melhoria da disponibilidade de água, do pastoreio, da gestão das pastagens, da saúde animal e da comercialização sustentará a pastorícia e a agro-pastorícia; no entanto, a diversificação das fontes de rendimento para homens e mulheres é também uma parte crucial da estratégia. A política sugere que se preste um apoio vital aos sistemas de posse de uso e propriedade da terra, juntamente com diretrizes claras para a qualidade da utilização e um quadro jurídico para a resolução de litígios sobre a utilização dos recursos e da terra. Será proporcionado às comunidades ASAL um melhor acesso a serviços essenciais, incluindo água, cuidados de saúde e educação. Quando necessário, serão utilizadas clínicas de proximidade e escolas móveis (Chege et. al. 2019). Devido à interdependência com as regiões não ASAL, será essencial melhorar as infra-estruturas e as redes de comunicação. A prestação de serviços financeiros adequados, especialmente aos pastores, também será crucial. Uma componente vital da estratégia é a redução da suscetibilidade das pessoas às catástrofes naturais e à insegurança alimentar, e a política de desenvolvimento da ASAL estará estreitamente ligada ao quadro federal para a gestão de catástrofes (Chege et al. 2019). Os procedimentos do plano ASAL não eliminarão a pobreza, e certamente não de imediato.

Mas, mais importante ainda, tornarão as pessoas mais resistentes aos problemas relacionados com a seca e reduzirão drasticamente a taxa de pobreza, eliminando o fosso que as separa de outras regiões do país.

Após um prolongado processo de consulta, a política ASAL foi desenvolvida e, em abril/maio de 2005, foram preparados documentos de sessão para apresentação ao Conselho de Ministros e subsequente debate legislativo. No entanto, mais de um ano depois, ainda não consta da agenda do Conselho de Ministros (Njoka et al.2016). O processo político está atualmente num impasse por várias razões, incluindo um processo legislativo geralmente lento e a falta de acordo sobre as políticas no seio do governo. É crucial que o governo convença os ministérios essenciais da necessidade de desenvolvimento das ASAL e que os responsabilize por esta escolha. Além disso, o governo deve poder contar com o apoio a longo prazo dos doadores e dos seus fundos para que o programa possa ser implementado com êxito (Njoka et al. 2016). Os doadores que se comprometem com o apoio a longo prazo também garantirão que a agenda política continue a incluir as questões de desenvolvimento da ASAL após a crise intensa e a atenção global. Durante muitos anos, a população da ASAL foi privada de uma política de desenvolvimento adequada e eficaz. É altura de implementar essa política (Njoka et al. 2016). Após mais de 20 anos de estudo das questões relacionadas com as ASAL, é mais provável que a falta de empenhamento político e de definição de prioridades seja a causa do atraso na elaboração das políticas do que a falta de compreensão.

2.2 Literatura teórica

2.2.1 A teoria malthusiana

Os princípios de Malthus derivam das publicações de 1798 do Reverendo Thomas Robert Malthus, que descrevem a sua filosofia política e económica. De acordo com o modelo de crescimento malthusiano, o malthusianismo é a crença de que o crescimento da população pode ser exponencial, enquanto o desenvolvimento do abastecimento alimentar ou de outros recursos é linear (Unat, 2020). Isto acabaria por resultar numa queda dos padrões de vida que levaria a um declínio populacional; quando a produção agrícola não consegue acompanhar o crescimento populacional, a fome ou a guerra resultam, o que leva à pobreza e ao despovoamento (Dinar, Tieu, & Huynh, 2019). Devido à gravidade potencial e aos resultados imprevisíveis dos factores atenuantes envolvidos, em oposição às escalas temporais relativamente lentas e aos processos bem compreendidos que regem o crescimento não controlado ou o crescimento afetado por controlos preventivos, tal catástrofe tem inevitavelmente o efeito de forçar a população a "corrigir" de volta a um nível mais baixo e mais facilmente sustentável (muito rapidamente). O malthusianismo tem sido associado a vários grupos políticos e sociais, mas refere-se quase exclusivamente aos defensores do controlo da população (Unat, 2020).

Embora Malthus acreditasse que os avanços tecnológicos poderiam aumentar a oferta de recursos de uma sociedade, como os alimentos, e assim elevar o nível de vida, também pensava que a abundância de recursos encorajaria o crescimento da população, que acabaria por repor a oferta de recursos para cada indivíduo ao seu nível pré-populacional (Srivastava, 2020). Segundo alguns economistas, a humanidade escapou à armadilha desde a Revolução Industrial, no início do século XIX (Unat, 2020). Outros defendem que a armadilha malthusiana ainda está a funcionar porque continua a haver muita pobreza. Outros argumentam que as nações emergentes apresentam mais sinais da teia do que as nações industrializadas devido à escassez de alimentos e aos altos níveis de poluição. A superpopulação humana é uma ideia relacionada e mais recente (Dinar, Tieu, & Huynh, 2019).

A escassez física ou económica são duas formas de manifestação da falta de água. Apesar ou devido à interdependência hidroclimática de todo o sistema mundial, a escassez física desenvolve-se quando a água não consegue satisfazer todas as necessidades (incluindo os caudais ambientais). Independentemente da escassez física, a escassez económica ocorre quando o sistema socioeconómico não pode utilizar a água disponível para satisfazer todas as necessidades (Unat, 2020). Isto deve-se ao facto de a falta de desenvolvimento de infra-estruturas, de fornecimento atempado ou de armazenamento poder limitar a disponibilidade de água (Srivastava, 2020). O consumo humano de água em breve ultrapassará a oferta de recursos hídricos naturais devido ao aumento da população, levando a efeitos sociais indesejáveis como fome, doenças e conflitos (Dinar, Tieu, & Huynh, 2019). A ideia de escassez é essencial para a economia, onde a presunção subjacente é que, dada a escassez de recursos necessários para viver, as pessoas serão obrigadas a fazer poupanças, reduzindo a procura e aumentando a oferta. Por outras palavras, as pessoas serão forçadas a competir para atingir os seus objectivos quando os recursos são escassos (Srivastava, 2020).

2.2.2 Teoria das deficiências individuais

Herbert Spencer desenvolveu a teoria das deficiências individuais em 1851. De acordo com esta ideia de pobreza, cada um é responsável pelo seu nível de pobreza. A atitude pessoal, o capital humano e o envolvimento com o bem-estar são considerados as variáveis individuais que causam ou alimentam a pobreza, de acordo com Sameti et al. (2012). De acordo com Bradshaw (2006), as pessoas em situação de pobreza são culpadas por gerar as suas dificuldades, porque poderiam ter evitado e resolvido os seus problemas com esforço e decisões mais sensatas. Continua dizendo que a falta de traços genéticos como a inteligência, que são difíceis de superar, leva à pobreza. Esta filosofia baseia-se nos ideais americanos e na confiança no mercado livre, que é visto como um sistema que cria oportunidades para todos. De acordo com Rank (2004), citado por Sameti et al. (2012), o conceito de individualismo enfatiza a responsabilidade pessoal e o esforço extenuante para satisfazer necessidades fundamentais como a alimentação, a habitação e os cuidados de saúde. Além disso, a noção assente nos valores e crenças americanos sublinha que a competência, a virtude e o esforço extenuante podem conduzir ao sucesso e que a pobreza indica um fracasso individual devido à falta de motivação.

2.2.3 A teoria das distorções ou discriminações económicas, políticas e sociais

De acordo com os teóricos estruturais Abdulai e Shirmshiry (2014), a pobreza é causada pela estrutura do sistema socioeconómico mais abrangente. Esta teoria defende que a pobreza é causada por um sistema económico, político e social que dá às pessoas poucas opções e recursos para obterem rendimentos e bem-estar (Bradshaw, 2006). Samati et al. (2012) defendem um ponto de vista semelhante e afirmam que a pobreza resulta de instituições económicas e sociais mais abrangentes. Defendem que, independentemente do esforço de um indivíduo (trabalho árduo, aptidões e competências), o capitalismo promove condições que conduzem à pobreza e que a conceção de algumas economias, como a dos Estados Unidos da América, garante que milhões de pessoas vivam na pobreza. Por outras palavras, os estudos mais académicos tendem a sugerir que o sistema económico está concebido de forma a que os pobres fiquem para trás, independentemente do seu nível de competência (Bradshaw, 2006). A teoria defende ainda que a pobreza resulta de dotações iniciais desiguais de capacidades, competências e capital que definem a produtividade de um indivíduo num sistema económico competitivo baseado no mercado. Sanchez-Martinez e Davis (2014).

2.2.4 Quadro teórico

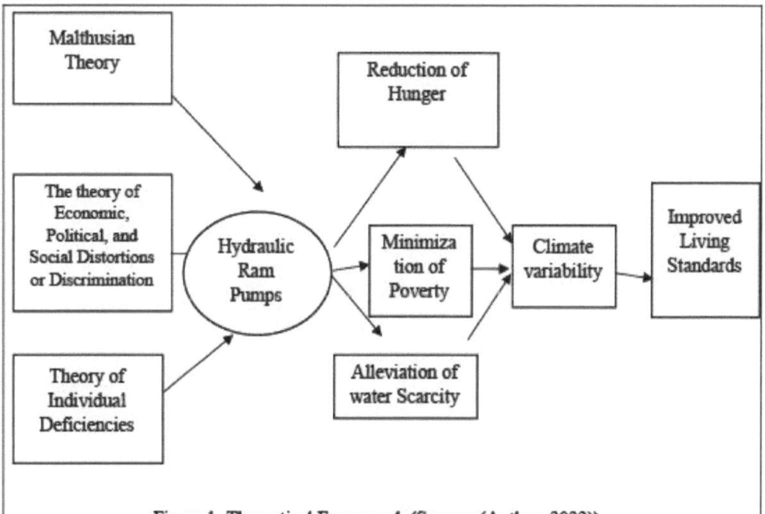

Figure 1: Theoretical Framework (Source: (Author, 2023))

2.3 Quadro concetual

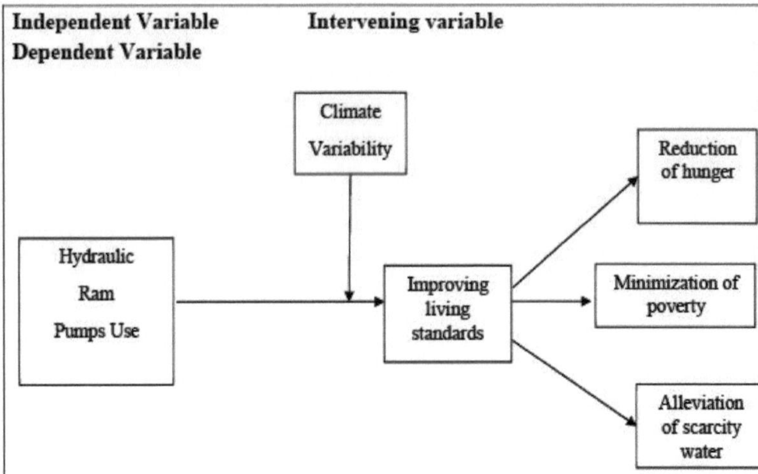

Figure 2: Conceptual Framework: Source: (Author, 2023)

CAPÍTULO 3

METODOLOGIA DE INVESTIGAÇÃO

3.1 Introdução

O Capítulo 3 aborda vários aspectos deste relatório de projeto relacionados com a metodologia de investigação. Estes aspectos incluem a conceção da investigação, a população-alvo, a área em estudo, a seleção da dimensão da amostra e os procedimentos de amostragem, os procedimentos de recolha e análise de dados e as questões éticas da investigação atual.

3.1 Conceção da investigação

Este projeto de investigação utilizou um método de inquérito descritivo para recolher dados de uma amostra da população-alvo. O inquérito descritivo foi uma escolha adequada, uma vez que o investigador pretendia identificar caraterísticas socioeconómicas, frequências, tendências e categorias (Salaria, 2012). Este método foi considerado adequado para este projeto de investigação porque permitiu ao investigador recolher um grande volume de dados que foram utilizados para fins descritivos. Este inquérito descritivo permitiu ao investigador avaliar a contribuição das bombas de carneiro hidráulico para a melhoria do nível de vida dos habitantes do subcondado de Yatta. Este inquérito visava obter respostas a questões relativas à contribuição das bombas de aríete hidráulico para a melhoria do nível de vida das pessoas em terras áridas e semi-áridas (ASAL) no subcondado de Yatta em Machakos, Quénia. O desenho foi utilizado para determinar o efeito das variáveis independentes sobre as variáveis dependentes na população escolhida sem manipular as variáveis (Creswell e Creswell, 2017). Este método foi considerado o mais adequado para a investigação que visa estabelecer a relação entre a contribuição das bombas hidráulicas de aríete para a melhoria do nível de vida das pessoas em terras áridas e semi-áridas (ASAL).

3.2 População-alvo

A investigação teve como alvo os agricultores e os proprietários de bombas de aríete hidráulico no subcondado de Yatta, no condado de Machakos. De acordo com os dados do Ministério da Agricultura no subcondado de Yatta, havia 156 agricultores registados no subcondado, dos quais 48 possuíam bombas de aríete hidráulico. Os agricultores que possuíam ou alugavam bombas de carneiro hidráulico constituíam a população-alvo.

3.2.1 Domínio de investigação

A investigação foi realizada no subcondado de Yatta, no condado de Machakos. O condado de Machakos é um dos 47 condados do Quénia que foram estabelecidos como resultado do sistema de governo descentralizado criado pela constituição do país de 2010. Em 2019, 1.421.932 pessoas viviam no condado. O condado partilha fronteiras com os condados de Nairobi e Kiambu, a oeste, e Embu, Kitui, Makueni, Kajiado, Muranga e Kirinyaga, a norte e a leste, respetivamente. O clima semi-árido, o terreno montanhoso e uma altitude de 1000-2100 metros distinguem a área. Devido à condição semi-árida da região, a agricultura de subsistência é praticada principalmente, com o cultivo de milho e de culturas tolerantes à seca, como o sorgo e o painço. O concelho também tem um conceito de mercado ao ar livre com dias de mercado significativos, onde são trocadas quantidades substanciais de produtos. Estes mercados vendem produtos frescos, bem como outros alimentos, como feijão e milho.

3.3 Dimensão da amostra e procedimentos de amostragem

O tamanho da amostra descreve o número de indivíduos incluídos num estudo de investigação para representar uma população-alvo (Cook et al.2018). O tamanho da amostra foi determinado usando a fórmula citada por Kothari (2014), com um intervalo de confiança de 95%, conforme mostrado abaixo;

$$n = \frac{N}{(1+Ne^2}$$

Onde:
n = Tamanho da amostra,
N = População total
e = Tolerância de erro (nível).
Neste caso, a dimensão da amostra será de 43.

$$n = \frac{48}{(1+48x\,0.05^2} = 43$$

Os participantes a incluir no estudo foram selecionados aleatoriamente.

3.4 Procedimentos de recolha de dados

3.4.1 Instrumento de investigação

O investigador utilizou questionários para estudar a amostra selecionada. Os questionários forneceram ao investigador dados exactos a partir dos quais foram tiradas conclusões sobre a população-alvo, de acordo com Saunders et al. (2009). Além disso, foi fácil recolher, compilar e analisar dados utilizando questionários para cumprir os requisitos do trabalho de investigação (Saunders et al., 2009). Os dados primários foram recolhidos através de um questionário. O questionário foi organizado em quatro partes; a primeira parte recolherá dados gerais sobre as caraterísticas socioeconómicas dos participantes. A segunda parte continha perguntas sobre a redução da fome, enquanto a terceira parte recolhia dados sobre a minimização da pobreza - por último, a secção final recolhia informações sobre a redução da escassez de água. O investigador preparou um formulário prévio de recolha de dados, delineando o comportamento e as caraterísticas situacionais observadas e registadas durante a recolha de dados. O investigador também utilizou dados secundários de fontes que continham resultados de investigação relevantes para a investigação atual.

3.4.2 Estudo-piloto

Foi realizado um estudo-piloto no subcondado de Mwala, no condado de Machakos, onde um pré-teste determinou a validade do instrumento de investigação antes da recolha efectiva de dados. O questionário foi testado numa amostra de conveniência de 10 participantes na área acima referida. Foi obtido o consentimento verbal da amostra piloto antes da recolha de dados. Os participantes foram informados do objetivo do exercício. Antes da prática, foi pedido aos participantes que comentassem a sua compreensão do questionário. Depois disso, foram recolhidas opiniões sobre a forma como o questionário poderia ser simplificado para obter respostas rápidas.

3.4.3 Validade

A validade do conteúdo e um inquérito pré-teste foram realizados para testar a validade do instrumento. A validade de conteúdo refere-se à forma como o instrumento de investigação mede integralmente os constructos de interesse (Cooper & Schindler, 2009). Por exemplo, esta investigação avaliou a contribuição das bombas hidráulicas de aríete para a melhoria dos padrões de vida das pessoas em terras áridas e semi-áridas (ASAL) no subcondado de Yatta em Machakos, Quénia. Por conseguinte, o investigador certificou-se de que representava plenamente os domínios do sector com base nos constructos empíricos e teóricos. Para desenvolver a validade do conteúdo, o investigador reviu as perguntas para garantir a sua clareza, legibilidade e abrangência e chegou a um nível de acordo sobre os itens que deviam ser incluídos no questionário final. Também se procurou obter a orientação e a opinião do supervisor antes do estudo-piloto. Os instrumentos de investigação foram levados aos supervisores da universidade para validação. O investigador e os supervisores analisaram o questionário para verificar se todas as variáveis foram bem captadas de acordo com os objectivos da investigação, para além de verificarem a existência de perguntas redundantes e de perguntas que pudessem confundir os inquiridos ao responderem. Por conseguinte, recorreu-se à análise de conteúdo e a um estudo de pré-teste para testar a validade do instrumento de investigação.

3.4.4 Fiabilidade

A fiabilidade refere-se ao grau em que o questionário produz consistentemente a mesma pontuação em ensaios repetidos (Saunders et al., 2009). A falta de fiabilidade ocorre geralmente devido à divergência do instrumento e à instabilidade interna dos atributos medidos. Por conseguinte, as pontuações do teste-piloto constituem a via para testar a consistência interna. A consistência interna refere-se ao grau em que os itens do questionário medem a mesma coisa. A fiabilidade dos dados do estudo piloto foi testada utilizando o coeficiente alfa de Cronbach. Um coeficiente alfa de 0,70 ou superior é considerado aceitável (Cooper & Schindler, 2009). Por conseguinte, o investigador esforçou-se por obter valores de fiabilidade iguais ou superiores a 0,70.

3.4.5 Recolha de dados

O investigador obteve uma carta da Escola de Artes e Ciências Sociais da Universidade de Lukenya para realizar a investigação. Além disso, o investigador obteve uma carta da Comissão Nacional para a Ciência, Tecnologia e Inovação (NACOSTI) para aprovação da realização da investigação. O investigador distribuiu fisicamente os questionários aos inquiridos para que os participantes preenchessem as respostas. Os inquiridos devolveram os questionários ao investigador depois de os terem respondido. O investigador obteve os dados necessários para a análise.

3.5 Procedimentos de análise de dados

Os questionários foram codificados e os dados foram introduzidos no SPSS versão 29. Foi utilizada uma análise descritiva para resumir as variáveis contínuas. Além disso, foram utilizados elementos visuais, como tabelas, gráficos e quadros, para resumir os resultados da investigação. Por fim, a análise de regressão avaliou a relação entre as variáveis dependentes e independentes. A análise univariada utilizou um modelo de regressão para avaliar a contribuição agregada das bombas de carneiro hidráulico para a melhoria do nível de vida. Foram apresentados os coeficientes e o seu intervalo de confiança de 95%, bem como os respectivos valores de P. O modelo de regressão é apresentado de seguida $Y = a + BXi + BX_2 + BX_3 + e$

Onde Y = melhoria do nível de vida a = Constante (coeficiente de regressão) Bxi = redução da fome

Bx2 = Minimização da pobreza

Bx3 = atenuação da escassez de água e= tolerância ao erro

3.6 Considerações éticas

Além disso, o investigador obteve o consentimento informado dos inquiridos para os incluir no trabalho de investigação (Neuman & Robson, 2015). Os inquiridos foram autorizados a participar e a retirar-se da investigação quando necessário (Neuman & Robson, 2015). Os dados fornecidos pelos inquiridos foram tratados com a máxima confidencialidade, e qualquer dano aos participantes foi minimizado enquanto se optimizavam os benefícios do projeto de investigação (Cooper & Schindler, 2009). As informações obtidas no trabalho de investigação foram utilizadas exclusivamente para a investigação. O investigador manteve o anonimato dos questionários enviados aos inquiridos durante a recolha de dados, serializando os questionários para aumentar a confidencialidade (Cooper & Schindler, 2009).

CAPÍTULO 4

ANÁLISE DOS DADOS RESULTADOS E INTERPRETAÇÃO

3.2 Introdução

O objetivo deste estudo era examinar a contribuição das bombas de aríete hidráulico para a melhoria do nível de vida das populações das terras áridas e semi-áridas (ASAL). O principal objetivo deste estudo foi investigar a contribuição das bombas de aríete hidráulico para a melhoria do nível de vida das pessoas em terras áridas e semi-áridas (ASALs) no subcondado de Yatta em Machakos, Quénia. Os objectivos específicos foram:

i. Avaliar de que forma as bombas hidráulicas de carneiro contribuíram para reduzir a fome no subcondado de Yatta, no condado de Machakos.

ii. Avaliar a contribuição das bombas hidráulicas Ram Pumps para minimizar a pobreza no sub-condado de Yatta, no condado de Machakos.

iii. Investigar a contribuição das bombas hidráulicas para a redução da escassez de água no subcondado de Yatta, no condado de Machakos.

As seguintes questões de investigação orientaram o investigador: Como é que as bombas hidráulicas de carneiro reduzem a fome no sub-condado de Yatta, no condado de Machakos? As bombas hidráulicas de carneiro reduziram significativamente a pobreza no sub-condado de Yatta, no condado de Machakos? Quais são os contributos das bombas hidráulicas de carneiro para a redução da escassez de água no sub-condado de Yatta, no condado de Machakos?
Este capítulo apresenta, por conseguinte, os resultados da análise dos dados e a sua interpretação.

4.1 Fiabilidade

Os valores do alfa de Cronbach das variáveis independentes foram = 0,712 para a redução da fome, = 0,799 para a minimização da pobreza e = 0,714 para a redução da escassez de água.

Quadro 1: Valores do alfa de Cronbach

	Alfa de Cronbach
Redução da fome	.712
Minimização da pobreza	.799
Redução da escassez de água	.714

4.2 Taxa de resposta

A taxa de resposta de 100% eliminou a possibilidade de viés de não resposta. A elevada taxa de resposta melhorou a validade e a fiabilidade dos resultados do estudo.

4.3 Dados demográficos da população

4.3.1 Distribuição por género

A figura abaixo ilustra a distribuição da população estudada em termos de género. De acordo com as estatísticas, 69,77% dos inquiridos eram do sexo masculino, enquanto 30,23% eram do sexo feminino.

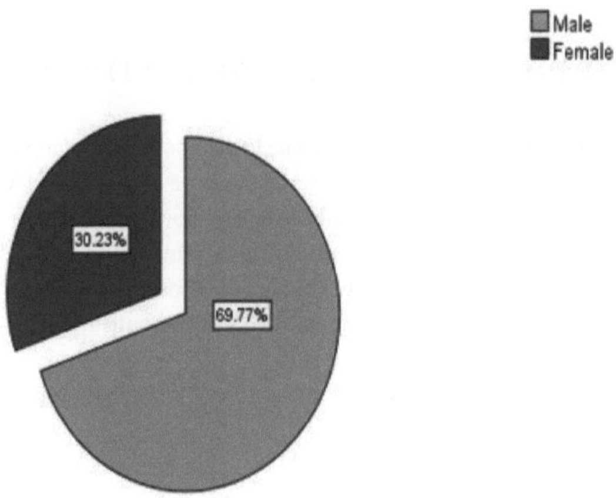

Figura 3: Distribuição por género

4.3.2 Distribuição etária

Os resultados (Figura 2) mostraram que 20,93% da população tinha entre 0 e 25 anos, 26 e 30 anos (11,63%), 31 e 34 anos (18,60%), 35 e 40 anos (2,33%), 41 e 44 anos (11,63%), 51 e 54 anos (16,28%) e mais de 55 anos (18,60%). A partir das estatísticas obtidas, a maioria (mais de 79%) da população tinha mais de 25 anos, enquanto a minoria (menos de 21%) da população tinha 25 anos ou menos.

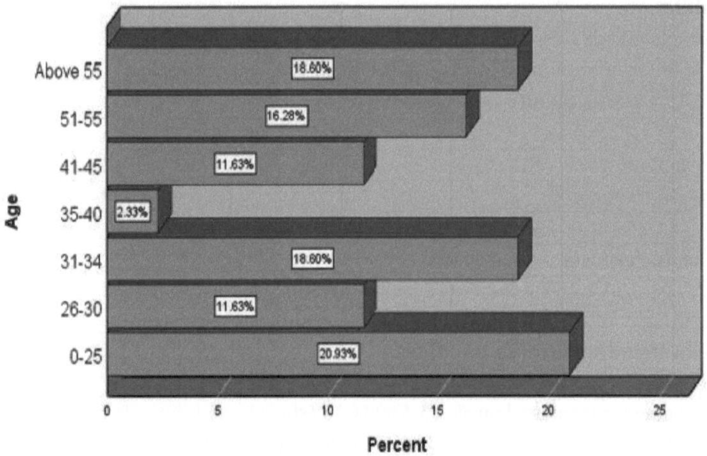

Figura 4: Distribuição etária da população

4.3.3 Nível de educação

O investigador procurou saber qual o nível de ensino mais elevado atingido pelos inquiridos. Os resultados (Figura 3) mostraram que a maioria dos inquiridos (39,53%) tinha atingido o nível de ensino secundário, 27,91% o nível de ensino primário, 18,60% o grau de bacharelato como nível de ensino mais elevado e 13,95% o nível de mestrado. Os resultados indicam que mais de 70% da população possui pelo menos o ensino secundário.

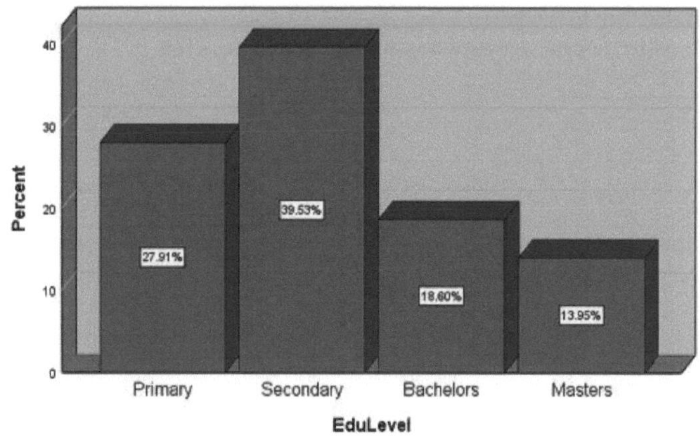

Figura 5: Nível mais elevado de educação

4.3.4 Ocupação da população

A tabela abaixo demonstra que 88,4% da população da área de estudo eram agricultores. Menos de 12% da população tinha outras ocupações para além da agricultura. Por conseguinte, o estudo concluiu que a agricultura era a principal atividade económica da população da área de estudo.

Tabela 2: Ocupação da população

	N	%
Sim	38	88.4%
Não	5	11.6%

4.3.5 Utilização da bomba hidráulica de aríete

O estudo estabeleceu que todos (100%) os inquiridos tinham utilizado bombas de carneiro hidráulico em algum momento das suas vidas (Quadro 3).

Quadro 3: Utilização da bomba hidráulica de aríete

	N	%
Sim	43	100.0%

4.3.6 Propriedade da bomba hidráulica de aríete

O estudo estabeleceu ainda que 60,5% da população era proprietária das bombas de carneiro hidráulico que utilizava, enquanto 39,5% da população alugava a bomba de carneiro hidráulico (Quadro 4).

Tabela 4: Propriedade da bomba hidráulica de carneiro

	N	%
Próprio	26	60.5%
Arrendamento	17	39.5%

4.3.7 Anos de utilização da bomba hidráulica de aríete

O investigador pretendia saber há quanto tempo os inquiridos utilizavam as bombas de aríete hidráulico. Foi pedido aos inquiridos que indicassem os anos de utilização das bombas de aríete. As estatísticas da Tabela 5 mostram que 20,9% dos inquiridos indicaram que tinham utilizado as bombas de aríete durante 1-2 anos, 11,6% durante 34 anos, 18,6% durante 5 anos e 48/8% durante mais de 5 anos.

Quadro 5: Anos de utilização da bomba hidráulica de aríete

	N	%
1-2	9	20.9%
3-4	5	11.6%
5	8	18.6%
Acima de 5	21	48.8%

4.4 Contribuição das bombas hidráulicas de carneiro para a redução da fome

4.4.1 Redução da fome antes da aquisição de bombas hidráulicas de carneiro

Foi pedido aos inquiridos que dissessem como geriam a fome antes de obterem bombas hidráulicas de aríete. Os resultados são ilustrados pelas estatísticas da Figura 4 abaixo.

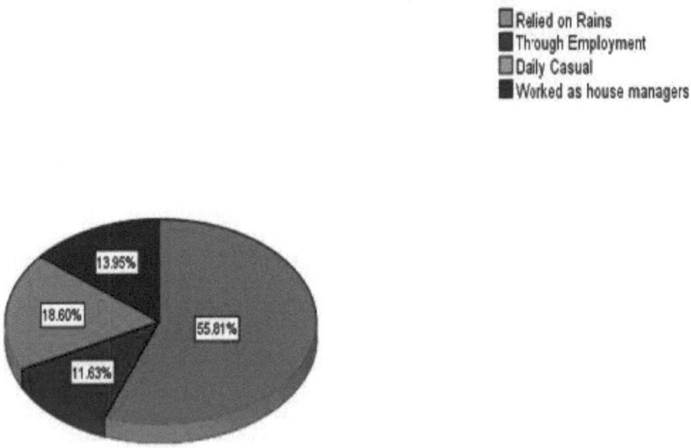

- Confiou nas chuvas
- Através do emprego
- Casual diário
- Trabalharam como gerentes de casa

Figura 6: Formas de gerir a fome antes de adquirir a bomba hidráulica de carneiro

Os resultados demonstraram que a maioria (55,81%) dos agricultores dependia de chuvas esporádicas para cultivar alimentos que os ajudavam a gerir ou a reduzir a fome nos seus agregados familiares. 11,63% trabalhavam para obter rendimentos que lhes permitiam comprar alimentos para reduzir a fome. Uma proporção de 18,60% vivia da mão para a boca, trabalhando como diaristas para poder alimentar as suas famílias, enquanto 13,95% reduziam a fome trabalhando como administradores de casas, um trabalho que lhes permitia obter rendimentos para comprar alimentos.

4.4.2 Contribuições das bombas hidráulicas de aríete

O investigador forneceu aos inquiridos cinco perguntas do tipo Likert de cinco pontos para que os inquiridos mostrassem o grau de concordância com determinadas afirmações. Na escala, os inquiridos tinham de escolher um valor entre 1 e 5, em que 1 representava discordar totalmente e 5 concordar totalmente. A primeira pergunta pedia aos inquiridos que mostrassem em que medida concordavam com a afirmação: "Utilizo uma bomba hidráulica para bombear água para regar as culturas alimentares." Os dados recolhidos foram analisados e os resultados estão ilustrados na Tabela 6 abaixo. Todos os agricultores afirmaram que usavam bombas de carneiro hidráulico para bombear a água que era usada para irrigação. De acordo com as estatísticas, 83,7% concordaram com a afirmação, enquanto 16,3% concordaram fortemente com a afirmação. Por conseguinte, foi estabelecido que as bombas de cilindro hidráulico contribuíram para a redução da fome, permitindo aos agricultores bombear água para a irrigação de culturas alimentares na área de estudo.

Tabela 6: HRP para bombear água de irrigação

	N	%
3	17	39.5%
4	19	44.2%
5		716.3%

A segunda pergunta pedia aos inquiridos que indicassem em que medida concordavam que as bombas de êmbolo hidráulico eram uma alternativa sustentável e de baixo custo para a produção agrícola. Como demonstrado no Quadro 6, todos os inquiridos concordaram que as bombas de aríete hidráulico constituíam uma alternativa sustentável e de baixo custo para a produção agrícola. Seguindo as estatísticas, 55,8% concordaram e 44,2% concordaram fortemente que as bombas de aríete hidráulico lhes proporcionavam uma alternativa sustentável e económica para a produção de culturas alimentares. Por conseguinte, o estudo concluiu que as bombas de êmbolo hidráulico são alternativas sustentáveis e económicas para a produção de culturas alimentares.

Quadro 7: O PRH é uma alternativa sustentável e rentável para a produção vegetal

N%		
4	24	55.8%
5	19	44.2%

Em terceiro lugar, foi pedido aos inquiridos que indicassem o seu grau de concordância com a afirmação de que "o PRH é barato, simples de utilizar e amigo do ambiente". Os resultados são apresentados na Figura 7.

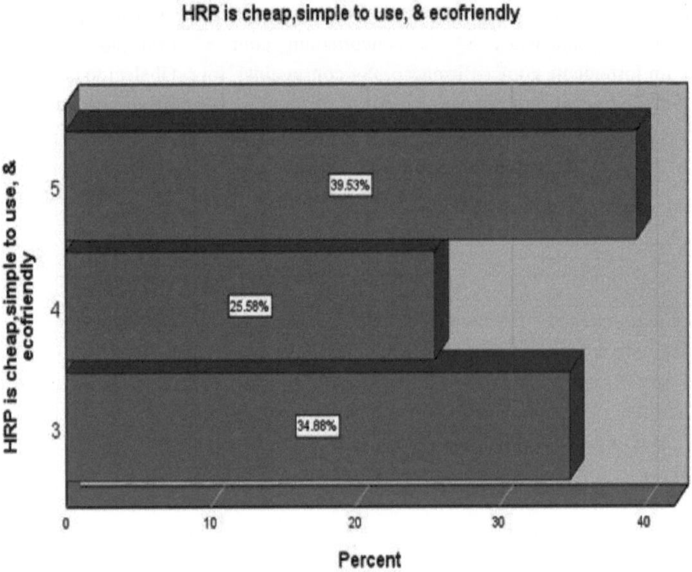

Figura 7: A HRP é barata, simples e amiga do ambiente

Todos os agricultores concordaram, com 39,54% a concordar fortemente, que a bomba de carneiro hidráulico era barata de adquirir, simples de usar e amiga do ambiente. O estudo concluiu, portanto, que as bombas de carneiro hidráulico eram baratas de adquirir, simples de utilizar e amigas do ambiente. Foram utilizadas perguntas de Likert, com 1 a indicar discordo totalmente e 5 concordo totalmente, para obter os resultados acima apresentados.

4.4.3 Custo de manutenção do PRH

O estudo constatou que o custo de manutenção das bombas de carneiro hidráulico é baixo, tal como indicado pelos agricultores. De acordo com as estatísticas, 44,2% da população argumentou que o custo de manutenção da bomba era comparativamente baixo, enquanto a maioria (55,8%) afirmou que achava o custo de manutenção da bomba de carneiro hidráulico baixo

(ver Quadro 8). As respostas às perguntas de Likert que produziram os resultados acima referidos foram 1 para discordo totalmente e 5 para concordo totalmente.

Quadro 8: Custo de manutenção do PRH

	N	%
3	19	44.2%
4	24	55.8%

4.4.4 Fiabilidade da bomba hidráulica de aríete

A bomba hidráulica de carneiro, como meio de bombear água para irrigação, foi considerada um meio fiável para a produção de culturas. Todos os agricultores afirmaram que as suas bombas de carneiro hidráulico eram fiáveis para a produção de culturas. As estatísticas mostraram que 62,79% e 37,21% concordaram e concordaram fortemente que a bomba de carneiro hidráulico era fiável para a produção de culturas. Os resultados acima foram obtidos a partir de perguntas de Likert em que 1 representava discordo totalmente e 5 concordo totalmente.

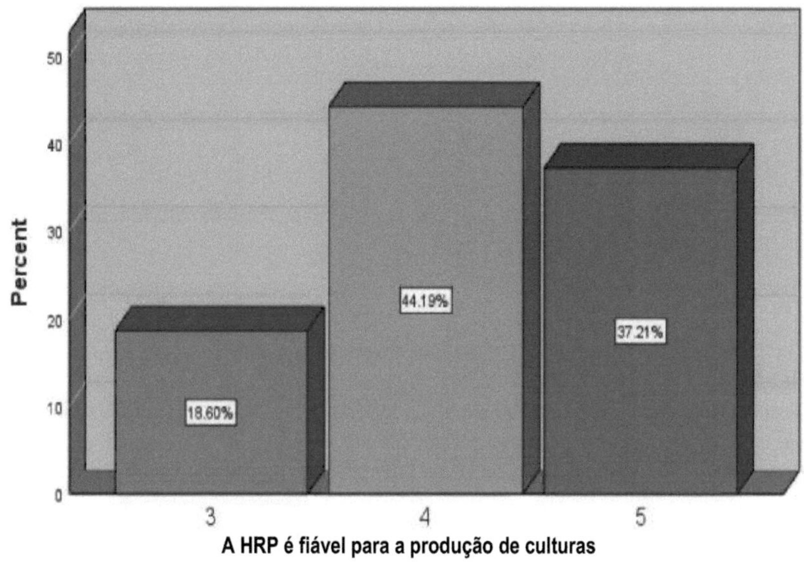

Figura 8: Fiabilidade da bomba hidráulica de carneiro

A investigação foi mais longe e examinou a forma como as bombas de aríete hidráulico ajudaram os agricultores a reduzir a fome. Foi pedido aos inquiridos que respondessem à pergunta: "Depois de adquirir/alugar bombas de aríete hidráulico, como é que isso o ajudou a gerir ou a reduzir a fome?" Os resultados são apresentados na Figura 7 abaixo. Foram utilizadas perguntas do tipo Likert, com 1 a indicar discordo totalmente e 5 concordo totalmente, para obter os resultados acima apresentados.

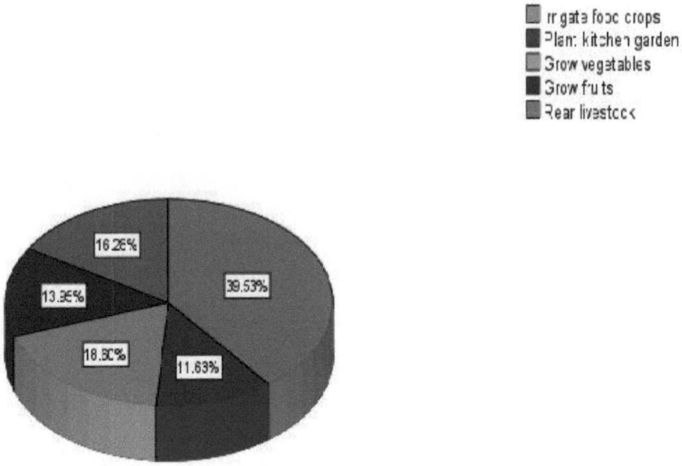

Figura 9: Como é que uma bomba de carneiro hidráulico o ajudou a gerir ou a reduzir a fome?

Os resultados ilustram que a bomba hidráulica de carneiro ajudou 39,53% dos agricultores a irrigar culturas alimentares, 11,63% a plantar hortas, 18,60% a cultivar legumes, 13,95% a cultivar frutos e 16,28% a criar gado. Todas estas medidas foram adoptadas para ajudar os agricultores a enfrentar a fome.

4.5 Contribuição das bombas hidráulicas de carneiro para a minimização da pobreza

4.5.1 Estado de pobreza antes de adquirir a bomba hidráulica de carneiro

Ao examinar a contribuição das bombas de aríete hidráulico para a minimização da pobreza, foi pedido aos inquiridos que declarassem o nível de pobreza antes de adquirirem as bombas de aríete hidráulico.

Tabela 9: Estado de pobreza antes de adquirir a bomba hidráulica de carneiro

	N	%
Muito grave		2455.8%
Grave	5	11.6%
Moderadamente grave	8	18.6%
Não grave	6	14.0%

Verificou-se que a maioria dos inquiridos, que constituía 55,8% da população, vivia num estado de pobreza muito grave. 11,6% afirmaram que se encontravam num estado de pobreza grave antes de adquirirem a bomba, enquanto 18,6% indicaram que o seu estado de pobreza antes de adquirirem a bomba era moderadamente grave. Por outro lado, 14% da população afirmou que o seu estado de pobreza antes de adquirir a bomba de carneiro hidráulico não era grave. Os resultados acima referidos foram obtidos a partir de perguntas do tipo Likert, em que 1 indicava discordo totalmente e 5 concordo totalmente. A partir das estatísticas, o estudo concluiu que mais de 85% da população vivia num estado de pobreza grave (ver Quadro 9).

Além disso, a investigação procurou determinar como a bomba de cilindro hidráulico ajudou os inquiridos a minimizar a pobreza nas suas famílias. Os resultados deste estudo mostraram que os agricultores utilizavam as bombas de cilindro hidráulico para bombear água que era utilizada para irrigar as culturas de rendimento e alimentares nas suas explorações. As culturas alimentares foram utilizadas para minimizar a pobreza resultante da fome severa, enquanto as culturas de rendimento foram vendidas para obter rendimentos para satisfazer outras necessidades básicas, tais como propinas escolares, cuidados de saúde, vestuário e outras. 1 foi usado para indicar discordo totalmente e 5 foi usado para indicar concordo totalmente na escala de Likert usada para gerar os resultados acima.

Quadro 10: PRH para a irrigação de culturas alimentares e de rendimento

	N	%
3	15	34.9%
4	14	32.6%
5	14	32.6%

As conclusões acima referidas foram obtidas a partir de perguntas do tipo Likert, em que 1 indicava discordar fortemente e 5 concordar fortemente. Os resultados (Tabela 10) mostraram que 32,6% dos agricultores concordaram fortemente que usavam bombas hidráulicas para irrigar as culturas para alimentação e venda. Desta forma, os agricultores conseguiram minimizar os seus níveis de pobreza. 67,5% dos agricultores concordaram que usavam bombas de aríete hidráulico para cultivar culturas de rendimento/alimentação para minimizar a pobreza devida à fome e ao baixo rendimento. Como ilustrado na Tabela 11 abaixo, a bomba de carneiro hidráulico melhorou a capacidade dos inquiridos de ganhar a vida.

Quadro 11: Melhoria da capacidade de ganhar a vida com o PRH

	N	%
4	38	88.4%
5	5	11.6%

Os agricultores (88,4%) concordaram e (11,6%) concordaram fortemente que a utilização de bombas de aríete hidráulico melhorou a sua capacidade de ganhar a vida. Como demonstrado na Figura 8, os agricultores puderam utilizar as bombas de aríete hidráulico para gerar rendimentos para pagar as propinas escolares dos seus filhos. 67,44% dos inquiridos concordaram fortemente que foram capazes de reduzir os níveis de pobreza por terem uma maior capacidade de pagar as propinas escolares dos seus filhos. 32,56% dos inquiridos concordaram que pagaram a escola dos seus filhos, uma vez que a bomba de carneiro hidráulico os ajudou a gerar rendimentos que facilitaram o pagamento das propinas escolares dos seus filhos. Os resultados acima referidos foram obtidos a partir de perguntas do tipo Likert, em que 1 indicava discordo totalmente e 5 concordava totalmente. O estudo concluiu que uma das capacidades que as bombas de aríete hidráulico melhoraram na vida dos agricultores foi a capacidade de pagar as propinas dos seus filhos que frequentavam a escola.

HRP para gerar rendimentos para propinas escolares

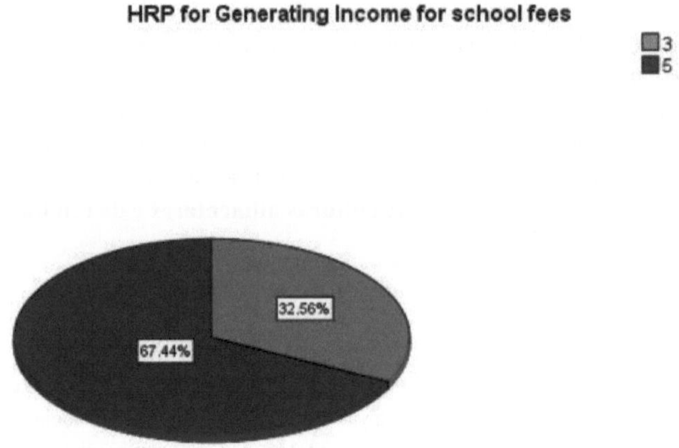

Figura 10: O PRH melhorou a capacidade dos agricultores de pagar as propinas escolares

Além disso, o estudo estabeleceu que as bombas de aríete hidráulico melhoraram a capacidade dos inquiridos de gerar rendimentos para os cuidados de saúde primários. Os resultados mostraram que todos os agricultores concordaram (55,81% concordaram fortemente e 44,19% concordaram) que a utilização de bombas de aríete hidráulico nas suas explorações melhorou a sua capacidade de gerar rendimentos para os cuidados de saúde primários (ver Figura 9). Foram utilizadas perguntas do tipo Likert, em que 1 indica que discordam fortemente e 5 que concordam fortemente, para obter os resultados acima apresentados.

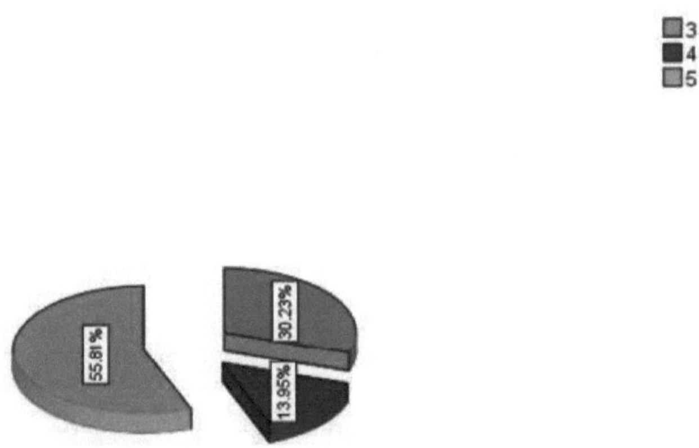

Figura 11: O PRH melhorou a capacidade dos agricultores de gerar rendimentos para os cuidados básicos de saúde

A investigação estabeleceu que os agricultores que utilizavam bombas de carneiro hidráulico para irrigar as culturas de rendimento tinham uma maior capacidade de gerar rendimentos para os cuidados de saúde primários. Os resultados são ilustrados na Figura 10. Foi pedido aos inquiridos que indicassem em que medida concordavam com a afirmação "Utilizo a bomba de carneiro hidráulico para gerar rendimentos para os cuidados de saúde primários".

Na escala de Likert utilizada para gerar os resultados acima, 1 foi utilizado para indicar discordo totalmente e 5 para indicar concordo totalmente.

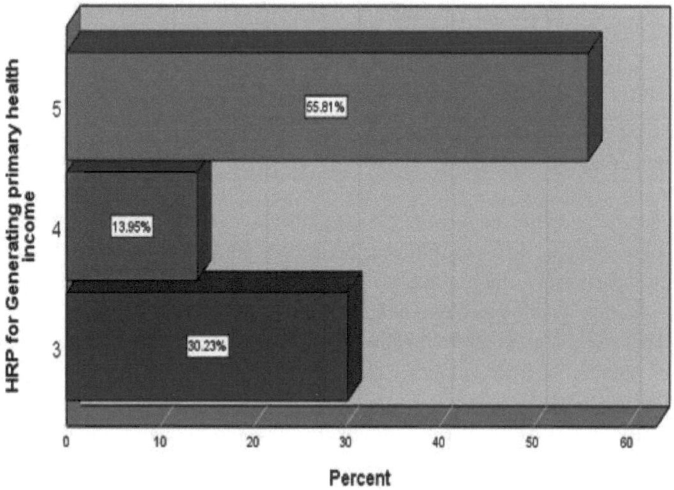

Figura 12: O PRH melhorou a capacidade dos agricultores de gerar rendimentos para os cuidados de saúde

As estatísticas mostraram que todos os agricultores concordam que as bombas de aríete hidráulico melhoraram a sua capacidade de gerar rendimentos, que utilizaram para pagar os cuidados de saúde primários das suas famílias. 55,81% dos inquiridos concordaram fortemente, enquanto 44,19% concordaram em ter gerado rendimentos para os cuidados de saúde primários através da utilização de bombas de aríete hidráulico. Foi pedido aos inquiridos, numa escala de 1 a 5, que indicassem em que medida concordavam com a afirmação: "Utilizo bombas de aríete hidráulico para cultivar culturas para melhorar a nutrição." Os resultados estão ilustrados no Quadro 12.

Quadro 12: Bomba hidráulica de carneiro para o cultivo de culturas para melhorar a nutrição

	N	%
3	5	11.6%
4	32	74.4%
5	6	14.0%

As conclusões acima referidas foram obtidas a partir de perguntas do tipo Likert, em que 1 indicava discordo totalmente e 5 concordo totalmente. Todos os proprietários de bombas de carneiro hidráulico concordaram que a bomba melhorou a sua capacidade de produzir culturas alimentares para melhorar a sua nutrição. As estatísticas obtidas mostraram que 14% dos inquiridos concordaram fortemente e que a maioria dos agricultores (86%) concordou com a afirmação. Concluiu-se, portanto, que as bombas de carneiro hidráulico melhoram a capacidade dos agricultores de cultivar alimentos que melhoram a sua nutrição. Por conseguinte, os agricultores conseguiram reduzir a fome, o que contribuiu significativamente para a gravidade da pobreza na região.

Foi pedido aos inquiridos que comparassem os níveis de pobreza antes e depois de adquirirem as bombas de aríete hidráulico. Os dados recolhidos foram analisados e as percentagens das respostas foram calculadas. Os resultados são apresentados no Quadro 13 abaixo.

Quadro 13: Nível de pobreza após a aquisição de uma bomba hidráulica de carneiro

Muito melhorado	2455.8%
Melhorado	511.6%
Moderadamente melhorado	818.6%
Algumas melhorias	614.0%

A maioria dos proprietários de bombas (55,8%) afirmou que melhorou significativamente os níveis de pobreza depois de ter adquirido as bombas de cilindro hidráulico. 11,6% afirmaram que o nível de pobreza melhorou apenas, 18,6% melhoraram moderadamente os níveis de pobreza e 14% dos inquiridos observaram alguma melhoria nos níveis de pobreza após a aquisição das bombas de cilindro hidráulico. Por conseguinte, a investigação concluiu que a aquisição de bombas de aríete hidráulico melhorou os níveis de pobreza dos proprietários ou arrendatários de bombas.

4.6 Contribuição das bombas hidráulicas de carneiro para o alívio da escassez de água

4.6.1 Disponibilidade de água antes da aquisição de bombas hidráulicas de carneiro

O investigador examinou a forma como os inquiridos obtinham água antes de adquirirem as bombas de carneiro hidráulico. Os resultados são apresentados na Figura 11 abaixo.

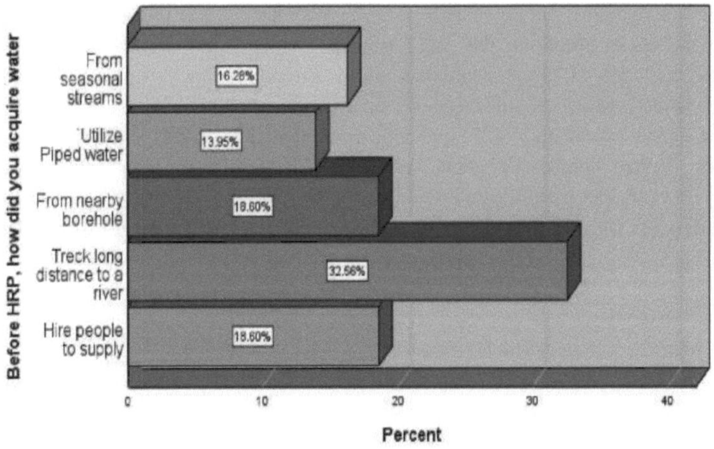

Figura 13: Disponibilidade de água antes da aquisição de bombas hidráulicas de carneiro

A investigação observou que a água era escassa antes de os agricultores terem obtido as bombas de carneiro hidráulico. As estatísticas indicaram que 18,60% dos agricultores contratavam pessoas para lhes fornecer água; 32,56% dos agricultores obtinham água percorrendo longas distâncias para ir buscar água a um rio; 18,60% dos inquiridos tiravam água de furos próximos; 13,95% utilizavam água canalizada da zona; e 16,26% iam buscar água a ribeiros sazonais na sua zona. Ficou claro que a área em estudo sofria de escassez de água e, por conseguinte, a água não estava prontamente disponível para utilização.

4.6.2 Bombas hidráulicas de carneiro para atenuar a escassez de água

O investigador procurou examinar a contribuição das bombas de carneiro hidráulico para o alívio da escassez de água na área de estudo. Para atingir este objetivo, os inquiridos responderam a perguntas de Likert de 5 pontos para mostrar até que ponto concordavam com determinadas afirmações. As respostas recolhidas foram utilizadas para calcular as percentagens. Os resultados são apresentados nos quadros e figuras seguintes. Em primeiro lugar, foi pedido aos inquiridos que indicassem em que medida concordavam com a afirmação "Utilizo uma bomba de carneiro hidráulico para bombear água potável". Os resultados mostraram que a maioria dos agricultores utilizou bombas de carneiro hidráulico para bombear água potável para as suas famílias e gado (ver Figura 12). Os resultados acima foram obtidos a partir de perguntas do tipo Likert, em que 1 indica discordo totalmente e 5 concordo totalmente.

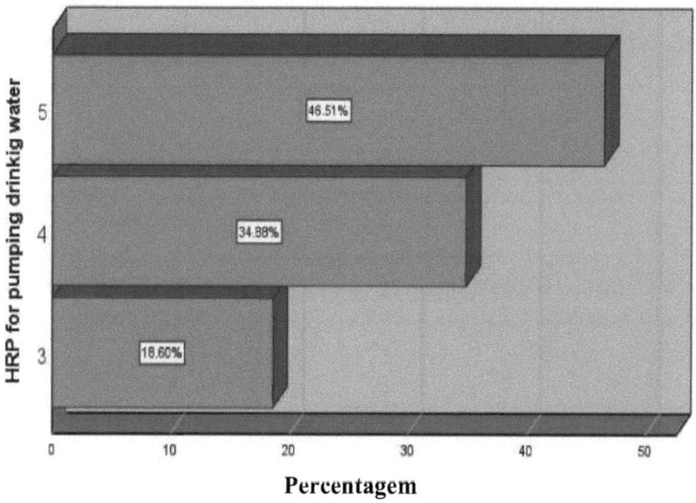

Figura 14: Bomba hidráulica de carneiro para bombear água potável

As estatísticas indicaram que 46,51% dos inquiridos concordaram fortemente em bombear água potável utilizando as bombas hidráulicas de carneiro. 34,86% concordaram em bombear água potável utilizando as bombas hidráulicas para consumo doméstico, enquanto 16,60% afirmaram que bombeiam água para consumo humano e animal.

O quadro 14 ilustra os resultados obtidos quando se pediu aos inquiridos que declarassem se utilizavam uma bomba de carneiro hidráulico para bombear água para irrigação.

Tabela 14: Bomba hidráulica de carneiro para bombear água para irrigação

	N	%
4	32	74.4%
5	11	25.6%

A partir das estatísticas apresentadas na Tabela 14 acima, 74,4% da população concordou que utiliza bombas de carneiro hidráulico para bombear água para irrigação, enquanto 25,6% concordou fortemente que as bombas de carneiro hidráulico são utilizadas para bombear água para irrigação. Concluiu-se que a aquisição de bombas de carneiro hidráulico permitiu aos proprietários de bombas bombear água para irrigação. Afirmou-se que a irrigação nas suas explorações agrícolas aumentou a capacidade dos residentes de cultivarem culturas de rendimento e culturas alimentares que os ajudaram a gerar rendimentos e a reduzir a fome, respetivamente. As conclusões acima referidas foram obtidas a partir de perguntas do tipo Likert, em que 1 indicava discordo totalmente e 5 concordo totalmente.

A investigação estava interessada em determinar se as bombas de carneiro hidráulico influenciavam a escassez de água na zona. Os resultados mostraram (Quadro 15) que 48,8% dos inquiridos concordaram que as bombas de aríete hidráulico aliviaram a escassez de água na área para consumo humano. 11,6% dos agricultores indicaram que as bombas de aríete hidráulico reduziram a escassez de água para consumo humano e animal. 39,5% concordaram fortemente que a escassez de água foi reduzida quando começaram a usar bombas de aríete hidráulico. As conclusões acima referidas foram obtidas a partir de perguntas do tipo Likert, em que 1 indicava discordo totalmente e 5 concordava totalmente.

Tabela 15: A bomba hidráulica de carneiro eliminou a escassez de água

	N	%
3	21	48.8%
4		511.6%
5	17	39.5%

Além disso, o estudo estabeleceu que as bombas de carneiro hidráulico eram fiáveis no abastecimento de água na localidade. Esta conclusão foi apoiada pelos resultados ilustrados na Figura 13. A maioria (81,4%) dos inquiridos concordou que as bombas de carneiro hidráulico eram fiáveis no abastecimento de água na sua localidade. 18,60% concordam fortemente que as bombas de carneiro hidráulico são fiáveis no abastecimento de água na sua localidade.

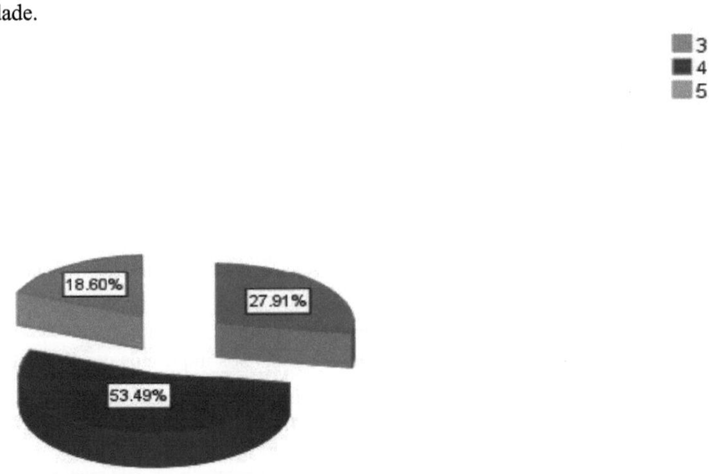

Figura 15: A bomba hidráulica de carneiro tem sido fiável no abastecimento de água na localidade

4.6.2 Formas como as bombas hidráulicas de carneiro contribuíram para a redução da escassez de água

O estudo estabeleceu quatro maneiras pelas quais as bombas de carneiro hidráulico contribuíram para aliviar a escassez de água na localidade. As bombas aumentaram o abastecimento de água (55,81% das opiniões dos inquiridos). As bombas permitiram o abastecimento de água em zonas que anteriormente não tinham água (18,6%). A aquisição de bombas de carneiro hidráulico reduziu a longa distância a pé que os residentes percorriam em busca de água (13,95%). Os inquiridos afirmaram que as bombas de carneiro hidráulico complementaram as fontes de água já existentes, levando assim a uma maior disponibilidade de água na localidade (11,63%). As conclusões acima referidas foram obtidas a partir de perguntas do tipo Likert, em que 1 indicava discordo totalmente e 5 concordo totalmente.

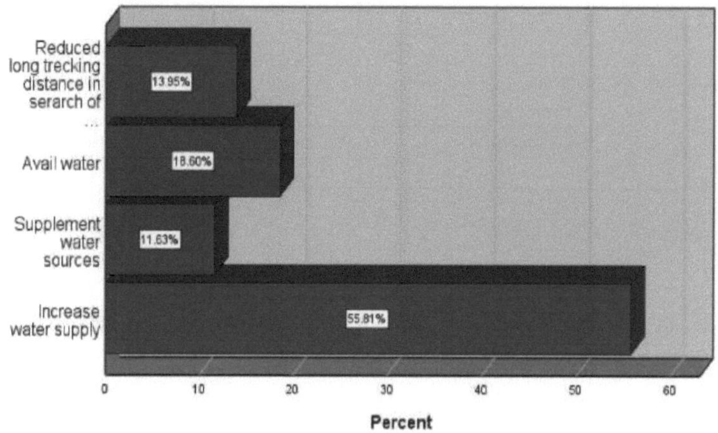

Figura 16: Formas em que as bombas hidráulicas de carneiro contribuíram para aliviar a escassez de água

4.7 Análise de correlação entre a redução da fome, a minimização da pobreza, a redução da escassez de água e o nível de vida

A tabela (Tabela 16) abaixo mostra os coeficientes de correlação de Pearson entre as variáveis independentes e as variáveis dependentes. O investigador utilizou uma análise de correlação para determinar a ligação entre as variáveis no estudo atual, a fim de estabelecer a associação entre elas. Os coeficientes de correlação de Pearson a um nível de confiança de 95% são igualmente apresentados no Quadro 16. Os resultados da análise de correlação entre as variáveis independentes e as variáveis dependentes revelaram associações significativas e positivas. Verificou-se uma relação positiva significativa ($r = 0,891$, $p = 0,028 < 0,05$) entre a redução da fome e a melhoria do nível de vida. Está implícito que uma redução da fome em 1 unidade leva a uma melhoria correspondente nos padrões de vida em 0,891 unidades. A minimização da pobreza está correlacionada de forma positiva e significativa ($r = 0,999$, $p = 0,015 < 0,05$) com a melhoria do nível de vida. Esta relação implicava que uma mudança na pobreza de 1 unidade levaria a uma mudança correspondente na melhoria do nível de vida de 0,999. A correlação foi mais forte entre a minimização da pobreza e a melhoria do nível de vida. Os resultados mostraram uma correlação positiva e significativa entre a redução da escassez de água e a melhoria do nível de vida ($r = 0,834$, $p = 0,001 < 0,05$). Uma mudança de 1 unidade no alívio da escassez de água levaria a uma mudança de 0,834 na melhoria do nível de vida da população.

Quadro 16: Matriz de correlação

Correlações

Minimizat Alleviatio Melhorado

		Redução fome	daião de Pobreza	n de Água viva escassez	Padrões de	
Redução da fome	Pearson Correlação		1	.691	.895.891	
	Sig. (bicaudal)			.018	.001.028	
	N		43	43	43	43
Minimização de Pobreza	Pearson Correlação	.691		1	.483.999 .015	
	Sig. (bicaudal)		.018		.011	
	N		43	43	43	43
Alívio de Escassez de água	Pearson Correlação	.895		.483	1.834	
	Sig. (bicaudal)	<.001		.001	.001	
	N		43	43	43	43
Melhoria do nível de vida	Pearson Correlação	.891		.999	.834	1
	Sig. (bicaudal)		.028	.015	.001	
	N		43	43	43	43

**. A correlação é significativa ao nível de 0,05 (bicaudal).

4.8 Análise de regressão

4.8.1 Resumo do modelo

A partir do Quadro 17, o R^2 ajustado é de 0,848. Estas estatísticas implicam que apenas 84,8% das variações nos níveis de vida melhorados podem ser explicadas pelas variáveis do modelo. Os restantes 15,2% de variações no nível de vida melhorado só podem ser explicados por variáveis que não foram ajustadas no modelo.

Quadro 17: Resumo do modelo

Modelo	R	R Quadrado	R Quadrado ajustado	Std. Erro do Estimativa	Modificar estatísticas F: R Quadrado Variação	Change F	df1	df2	Sig.F Mudança
1	,925[a]	.855.848		.340	.855117.7240				<.001

80

a. Preditores: (Constante), Redução da fome, Minimização da pobreza, Alívio da escassez de água

b. Variável dependente: Melhoria do nível de vida

4.8.2 Análise de variância

A estatística F da Tabela 18 é 1,170. O valor de p = 0,001 < 0,05. Estas estatísticas demonstram que as variáveis independentes foram conjuntamente significativas na explicação da melhoria do nível de vida.

Quadro 18: Análise de Variância

Modelo		Soma de Quadrados	Df	Média Quadrado	F	Sig.
1	Regressão	27.275	2	13.638	1.170	<.001

Residual	4.632	40	.116
Total	31.907	42	

a. Variável dependente: Melhoria do nível de vida

b. Preditores: (Constante), Redução da fome, Minimização da pobreza, Alívio da escassez de água

4.8.3 Coeficientes de regressão

O quadro seguinte apresenta os coeficientes de regressão obtidos a partir da análise de regressão.

Quadro 19: Coeficientes de regressão

Modelo		Coeficientes não padronizados B	Std. Erro	Coeficientes normalizados Beta	tSig.	Intervalo de confiança de 95,0% para B Inferior Ligado	Superior Ligado
1	(Constante)	6.316	.549		11.49<.00 61	5.205	7.426
	Redução da fome	.845	.076	.824	13.08 <.00 81	.769	.921
	Minimização de Pobreza	.856	.109	.843	3.855<.00 1	.747	.965
	Alívio da escassez de água	.583	.086	0.567	4.656< .001	.497	.669

a. Variável dependente: Melhoria do nível de vida

Os resultados mostraram a = 0, pi= 0,824, 02 = 0,843 e 0_3 = 0,567. De acordo com os coeficientes de regressão (beta), o modelo de regressão para a análise foi Y = 0,824X1 + 0,843X2+ 0,567X_3, em que Y representa a melhoria do nível de vida, Xi a redução da fome, X2 a minimização da pobreza e X_3 o alívio da escassez de água.

CAPÍTULO 5

CONCLUSÃO E RECOMENDAÇÕES

5.0 Introdução

Este capítulo resume e conclui o estudo. Além disso, apresenta recomendações com base nas conclusões do estudo.

5.1 Resumo

Como substituto fiável, de baixa manutenção e amigo do ambiente das bombas acionadas por motor, os cilindros ainda hoje são utilizados. Não há provas de que as bombas de carneiro hidráulico tenham aumentado consideravelmente o nível de vida das pessoas que residem nas ASALs desde a sua introdução no Quénia. Além disso, de acordo com os registos, não foi efectuada qualquer investigação sobre os benefícios das bombas de carneiro hidráulico para melhorar as condições de vida no subcondado de Yatta em Machakos. A construção e o desenvolvimento de infra-estruturas tornaram-se duas das indústrias mais lucrativas do Quénia, ajudando a impulsionar a economia e a permitir o aparecimento de ASALs mais novas e mais seguras em todo o país. Isto deve-se ao facto de a melhoria das comunidades se ter tornado uma das principais estratégias do Quénia para reduzir a pobreza. Por conseguinte, o presente estudo escolheu o subcondado de Yatta, no condado de Machakos, no Quénia, como região de estudo, a fim de examinar a forma como as bombas hidráulicas de carneiro melhoraram o nível de vida das pessoas nas ASAL. O objetivo deste estudo foi determinar de que forma as bombas de aríete hidráulico afectaram a melhoria das condições de vida das populações nas regiões áridas e semi-áridas (ASAL). O objetivo principal deste estudo era descobrir de que forma as bombas de aríete hidráulico no subcondado de Yatta, em Machakos, no Quénia, ajudaram a melhorar as condições de vida das pessoas que vivem em regiões áridas e semi-áridas (ASAL). Os objectivos específicos consistiam em avaliar de que forma as bombas hidráulicas de carneiro contribuíram para reduzir a fome no subcondado de Yatta, no condado de Machakos; avaliar de que forma as bombas hidráulicas de carneiro no subcondado de Yatta, no condado de Machakos, contribuíram para reduzir a pobreza; e analisar de que forma as bombas hidráulicas no subcondado de Yatta, no condado de Machakos, contribuem para reduzir a escassez de água. As seguintes questões de investigação orientaram o estudo: Como é que as bombas hidráulicas de carneiro reduzem a fome no sub-condado de Yatta, no condado de Machakos? As bombas hidráulicas de carneiro reduziram significativamente a pobreza no sub-condado de Yatta, no condado de Machakos? Quais são os contributos das bombas hidráulicas de carneiro para a redução da escassez de água no sub-condado de Yatta, no condado de Machakos?

Uma das dificuldades com que o investigador se deparou foi o receio de alguns participantes no estudo em participar. Os participantes estavam receosos de participar no estudo porque acreditavam que poderiam entrar em contacto com organizações reguladoras do governo que operam no sector não oficial. No entanto, o investigador certificou-se de que os dados recolhidos para o estudo permaneciam privados, anónimos e utilizados exclusivamente para o estudo. Não foi permitido o acesso de terceiros aos dados sem o consentimento prévio por escrito dos participantes, caso fosse necessário. Apesar de não terem receio de participar no estudo, várias pessoas recusaram-se a fazê-lo. O investigador explicou a importância do estudo. O investigador explicou a importância do estudo, as razões pelas quais a sua participação era crucial para o crescimento económico do sector e as vantagens do inquérito para o desenvolvimento de políticas e a redução dos problemas industriais. O estudo limitou-se ao objetivo global do subcondado de Yatta em Machakos, no Quénia, a fim de compreender melhor o papel que as bombas hidráulicas de carneiro desempenham no aumento do nível de vida das pessoas que vivem em terras áridas e semi-áridas (ASAL) no Quénia. Os resultados seriam, por conseguinte, cuidadosamente repetidos.

Além disso, é possível que os resultados não se apliquem a diferentes ASALs. Os objectivos específicos do estudo eram avaliar o papel desempenhado pelas bombas hidráulicas na erradicação da fome, determinar o papel que desempenharam na erradicação da pobreza, analisar o papel desempenhado pelas bombas hidráulicas na redução da escassez de água e determinar como as bombas hidráulicas podem ser utilizadas para melhorar o desenvolvimento agrícola no subcondado de Yatta, no condado de Machakos. A presunção inicial do estudo era que os critérios para a investigação escolhida eram adequados e produziriam resultados perspicazes. Além disso, os dados recolhidos para a análise foram considerados fiáveis e pertinentes pelo investigador. Por fim, os inquiridos deram respostas honestas e abertas, segundo o investigador.

Os valores de alfa de Cronbach para as variáveis independentes foram = 0,712 para a redução da fome, = 0,799 para a redução da pobreza e = 0,714 para a redução da falta de água. A taxa de resposta de 100% elimina a possibilidade de viés de não resposta. A elevada taxa de resposta aumenta a fiabilidade e a validade das conclusões do estudo. A distribuição por género da população em estudo é apresentada na Figura 1. De acordo com os dados, 30,23% dos inquiridos eram do sexo feminino e 69,77% do sexo masculino. De acordo com os resultados (Figura 2), 20,93% da população tinha entre 0 e 25 anos, 26 a 30 anos (11,63%), 31 a 34 anos (18,60%), 35 a 40 anos (2,33%), 41 a 44 anos (11,63%), 51 a 54 anos (16,28%) e mais de 55 anos (18,60%). De acordo com as estatísticas, menos de 21% da população tinha 25 anos de idade ou menos e mais de 79% da população tinha mais de 25 anos. O investigador estava interessado em saber qual o grau de escolaridade mais elevado dos inquiridos. De acordo com os resultados (Figura 3), a maioria dos inquiridos (39,53%) tinha concluído o ensino secundário, seguido do ensino primário (27,11%), da licenciatura (18,60%) e do mestrado (13,95%). Os resultados sugerem que mais de 70% da população tinha concluído o ensino secundário ou superior.

De acordo com a tabela 2, 88,4% das pessoas na região de estudo eram agricultores. Menos de 12% das pessoas trabalhavam fora da agricultura. O estudo concluiu que a agricultura era a principal fonte de rendimento das pessoas que viviam na área de estudo. De acordo com os resultados do estudo (Tabela 3), todos (100%) os inquiridos utilizaram, em algum momento das suas vidas, bombas hidráulicas de aríete. De acordo com outras conclusões do estudo (Tabela 4), 60,5% da população era proprietária das bombas de aríete hidráulico que utilizava, enquanto 39,5% as alugava. Há quanto tempo é que os inquiridos utilizam as bombas de aríete hidráulico? O investigador quis saber. Os inquiridos foram convidados a indicar o número de anos de utilização das bombas de aríete hidráulico. De acordo com os dados da Tabela 5, 48,8% dos inquiridos utilizavam bombas de aríete há mais de cinco anos, seguidos de 18,6% há cinco anos, 11,6% há três a quatro anos e 20,9% há um a dois anos.

Os entrevistados foram questionados sobre a forma como lidavam com a fome antes de adquirirem bombas de aríete hidráulico. As estatísticas na Figura 4 abaixo mostram os resultados em pormenor. Os resultados mostraram que a maioria dos agricultores (55,81%) dependia de chuvas ocasionais para desenvolver culturas alimentares que os ajudavam a controlar ou a reduzir a fome no agregado familiar. 11,63% das pessoas tinham empregos que lhes pagavam dinheiro que podiam usar para comprar alimentos para encher o estômago.

13,95% das pessoas eliminaram a fome trabalhando como chefes de família, um trabalho que lhes permitia ganhar dinheiro para comprar alimentos, enquanto 18,60% o fizeram trabalhando como diaristas para poderem alimentar as suas famílias. O investigador forneceu aos inquiridos cinco perguntas de escala de Likert de cinco pontos para que pudessem indicar o quanto concordavam ou discordavam das afirmações. Os inquiridos tinham de selecionar uma opção numa escala entre 1 e 5, em que 1 indicava discordo totalmente e 5 representava concordo totalmente. Na primeira pergunta, foi pedido aos participantes que indicassem até que ponto concordavam com a afirmação: "Utilizo bombas de aríete hidráulico para bombear água para regar as culturas alimentares." Após a avaliação dos dados, os resultados são apresentados na Tabela 6 abaixo. Todos os agricultores afirmaram ter bombeado água para irrigação usando bombas de carneiro hidráulico. Os números mostram que 83,7% dos inquiridos concordaram com a afirmação e 16,3% concordaram fortemente. Como resultado, determinou-se que as bombas de aríete hidráulico reduziram a fome, permitindo aos agricultores da área de estudo bombear água para irrigar as culturas alimentares.

A segunda pergunta pedia aos inquiridos que indicassem até que ponto acreditavam que as bombas de aríete eram uma alternativa acessível e sustentável para a produção de culturas. Todos os inquiridos, como mostra a Tabela 6, concordaram que as bombas de aríete hidráulico ofereciam uma alternativa viável e acessível para a produção de culturas. De acordo com as estatísticas, 55,8% dos inquiridos concordaram, e 44,2% concordaram fortemente, que o cultivo de culturas alimentares utilizando uma bomba de cilindro hidráulico lhes oferecia uma alternativa viável e acessível. O estudo descobriu que as bombas de carneiro hidráulico são uma solução viável e económica para o cultivo de culturas alimentares. Em terceiro lugar, os inquiridos foram convidados a classificar o quanto concordavam com a afirmação de que as PCH são acessíveis, fáceis de utilizar e benéficas para o ambiente. Os resultados são apresentados na Figura 7. Todos os agricultores acreditavam que as bombas de aríete hidráulico eram baratas de comprar, fáceis de usar e benéficas para o ambiente, com 39,54% a concordar fortemente. Assim, o estudo concluiu que as bombas de aríete hidráulico são baratas de comprar, fáceis de usar e benéficas para o ambiente. De acordo com os agricultores, o estudo descobriu que as bombas de aríete hidráulico requerem pouca manutenção. A maioria das pessoas (55,8%) disse que achava que o custo de manutenção da bomba de carneiro hidráulico era baixo, enquanto 44,2% do público afirmou que o custo de manutenção da bomba era relativamente barato (ver Quadro 8).

Descobriu-se que a utilização de uma bomba de cilindro hidráulico para bombear água para irrigação é um método fiável para aumentar os rendimentos agrícolas. Todos os agricultores afirmaram que as bombas de cilindro hidráulico que utilizavam para a produção agrícola eram fiáveis. De acordo com as estatísticas, 62,79% dos inquiridos e 37,21% dos inquiridos concordaram fortemente que as bombas de carneiro hidráulico eram fiáveis para a produção agrícola. O estudo analisou ainda a forma como a utilização de bombas de aríete hidráulico pelos agricultores ajudou a diminuir a fome. A pergunta "Depois de adquirir/alugar bombas de aríete hidráulico, como é que isso o ajudou a gerir ou a reduzir a fome?" foi colocada aos inquiridos. Os resultados são apresentados na Figura 7.

Os resultados mostram que as bombas hidráulicas de carneiro ajudaram 39,53% dos agricultores na irrigação de culturas alimentares, 11,63% na plantação de hortas, 18,60% no crescimento de legumes e frutas e 16,28% no tratamento do gado. Todas estas medidas foram tomadas para ajudar os agricultores a ultrapassar a fome. Os inquiridos foram questionados sobre o seu grau de pobreza antes de adquirirem as bombas hidráulicas de carneiro, no âmbito de um estudo que analisou o grau de redução da pobreza. Foi determinado que a maioria dos inquiridos, que constituíam 55,8% da população, vivia em situação de pobreza extrema. Antes de comprar a bomba, 11,6% dos inquiridos afirmavam estar num estado de pobreza grave, enquanto 18,6% afirmavam estar num estado de pobreza moderadamente grave. No entanto, 14% da população afirmou que o seu nível de pobreza antes da compra da bomba de carneiro hidráulico não era particularmente mau. Mais de 85% da população, segundo os resultados do estudo (ver quadro 9), vivia em situação de pobreza extrema.

O estudo também teve como objetivo determinar de que forma a bomba de carneiro hidráulico ajudou os inquiridos a reduzir a pobreza nos seus agregados familiares. As conclusões do estudo demonstraram que os agricultores irrigavam as culturas de rendimento e alimentares dos seus campos utilizando bombas de cilindro hidráulico para bombear água. Enquanto as culturas de rendimento eram vendidas para gerar receitas para satisfazer outras necessidades essenciais, incluindo despesas escolares, despesas de saúde, vestuário e outras, as culturas alimentares eram utilizadas para reduzir a pobreza resultante da fome extrema. Os resultados (Tabela 10) revelaram que 32,6% dos agricultores concordaram firmemente que irrigavam as culturas para alimentação e venda usando bombas hidráulicas. Os agricultores conseguiram reduzir os seus níveis de pobreza desta forma. Para reduzir a fome e a pobreza causadas pelo baixo rendimento e pela produção de culturas de rendimento, 67,5% dos agricultores disseram que utilizavam bombas de carneiro hidráulico. A bomba de carneiro hidráulico aumentou a capacidade dos inquiridos de ganhar a vida, como se pode ver no Quadro 11 abaixo.

A capacidade dos agricultores de ganhar a vida aumentou com a utilização de bombas de aríete hidráulico, de acordo com 88,4% deles, e 11,6% concordaram fortemente. Os agricultores conseguiram utilizar bombas de cilindro hidráulico para criar dinheiro para pagar as despesas escolares dos seus filhos, como mostra a Figura 8. 67,44% dos inquiridos acreditam firmemente que a sua capacidade mais notável de cobrir as despesas de educação dos seus filhos ajudou a baixar os níveis de pobreza. A bomba de carneiro hidráulico ajudou-os a gerar dinheiro que lhes facilitou o pagamento das propinas escolares dos seus filhos, de acordo com 32,56% dos inquiridos. O estudo concluiu que uma das competências que as bombas de cilindro hidráulico melhoraram na vida dos agricultores foi a sua capacidade de cobrir as despesas de envio dos filhos à escola.

O estudo também mostrou que a capacidade dos inquiridos de ganhar dinheiro para cuidados de saúde essenciais foi melhorada pelas bombas de aríete hidráulico. Todos os agricultores concordaram, de acordo com os resultados (ver Figura 9), que a utilização de bombas de aríete hidráulico nos seus campos aumentou a sua capacidade de ganhar dinheiro para cuidados de saúde essenciais. Destes, 55,81% concordaram fortemente e 44,19% concordaram. De acordo com a investigação, os agricultores que regavam culturas de rendimento com bombas de cilindro hidráulico tinham mais capacidade para ganhar dinheiro para os cuidados de saúde essenciais. A Figura 10 mostra os resultados em mais pormenor. A pergunta pedia aos inquiridos que expressassem o seu nível de concordância com a afirmação: "Utilizo a PRH para gerar rendimentos para os cuidados de saúde primários."

De acordo com os números, todos os agricultores concordaram que as bombas de aríete hidráulico aumentaram a sua capacidade de ganhar dinheiro, que depois utilizaram para pagar os cuidados de saúde primários das suas famílias. Em contrapartida, 44,19% dos inquiridos concordaram que tinham usado bombas de aríete hidráulico para ganhar dinheiro para os cuidados de saúde primários, enquanto 55,81% dos inquiridos concordaram fortemente. Numa escala de 1 a 5, foi pedido aos inquiridos que indicassem até que ponto concordavam com a afirmação: "Utilizo uma bomba hidráulica de aríete para cultivar culturas para melhorar a nutrição." Os resultados são apresentados no Quadro 12 abaixo. Todos os proprietários de bombas de carneiro hidráulico reconheceram a capacidade de cultivar alimentos para melhorar a nutrição. De acordo com os números recolhidos, 14% dos inquiridos concordaram fortemente com a observação, que foi apoiada por 86% dos agricultores. Por conseguinte, foi determinado que as bombas de aríete hidráulico ajudam os agricultores a cultivar alimentos que são melhores para a sua nutrição. Como resultado, os agricultores conseguiram diminuir a fome, que teve um impacto negativo substancial na pobreza extrema da região.

Foi solicitado aos inquiridos que comparassem os níveis de pobreza antes e depois da aquisição das bombas de aríete hidráulico. As percentagens das respostas foram calculadas após a análise dos dados. Os resultados são apresentados na Tabela 13. A maioria dos proprietários de bombas (55,8%) afirmou que a aquisição de bombas de carneiro hidráulico reduziu significativamente os seus níveis de pobreza. 11,6% dos inquiridos afirmaram que os seus níveis de pobreza tinham melhorado recentemente, 18,6% afirmaram que os seus níveis de pobreza tinham melhorado apenas ligeiramente e 14% afirmaram que os seus níveis de pobreza tinham melhorado ligeiramente em resultado da aquisição das bombas de aríete hidráulico. O estudo concluiu que a compra de bombas de aríete hidráulico reduziu o nível de pobreza entre os proprietários ou arrendatários de bombas. Antes de comprar as bombas de cilindro hidráulico, o investigador analisou os métodos anteriores de abastecimento de água dos inquiridos. Os resultados são apresentados na Figura 11. Antes de os agricultores adquirirem bombas de aríete hidráulico, o inquérito constatou que a água era escassa. De acordo com as estatísticas, 18,60% dos agricultores contratavam pessoas para lhes trazer água, 32,56% dos agricultores caminhavam longas distâncias até um rio para ir buscar água, 18,60% dos inquiridos tiravam água de furos próximos, 13,95% usavam água canalizada da vizinhança e 16,26% recolhiam água de riachos sazonais próximos. Era evidente que a área de investigação tinha restrições hídricas, o que impedia que a água fosse facilmente acessível para consumo.

O estudo determinou a conclusão de como as bombas de carneiro hidráulico ajudaram a resolver o problema da falta de água na área de estudo. Para atingir este objetivo, foram colocadas aos inquiridos perguntas do tipo Likert de 5 pontos para indicar até que ponto concordavam com várias afirmações. As percentagens foram calculadas com base nas respostas recolhidas. Os resultados foram os apresentados nos quadros e figuras seguintes.

Em primeiro lugar, foi pedido aos inquiridos que indicassem o seu nível de concordância com a afirmação "Utilizo uma bomba de carneiro hidráulico para bombear água potável". Os resultados revelaram que a maioria dos agricultores bombeava água potável para as suas famílias e para o gado utilizando bombas de carneiro hidráulico (ver Figura 12). De acordo com as estatísticas, 46,51% dos inquiridos confirmaram firmemente que têm utilizado bombas de carneiro hidráulico para bombear água potável; 16,60% disseram que bombeiam água para consumo humano e animal, enquanto 34,86% disseram que utilizam bombas hidráulicas para bombear água potável para uso residencial.

Quando se perguntou aos inquiridos se utilizavam bombas de carneiro hidráulico para bombear água para irrigação, os resultados são apresentados na Tabela 14. De acordo com os dados da Tabela 14 acima, 74,4% da população reconheceu utilizar bombas de carneiro hidráulico para bombear água para irrigação, e 25,6% dos inquiridos reconheceram firmemente esta utilização. A compra de bombas de carneiro hidráulico permitiu aos proprietários das bombas bombear água para irrigação. De acordo com os relatos, a irrigação nas suas explorações agrícolas deu aos habitantes locais a possibilidade de cultivar alimentos e culturas de rendimento, o que os ajudou a criar rendimentos e a combater a fome, respetivamente, melhorados.

O objetivo do estudo era determinar se as bombas de aríete hidráulico tinham um impacto na escassez de água da região. De acordo com os resultados (Quadro 15), 48,8% dos inquiridos concordaram que a falta de água para uso humano na área tinha sido aliviada pelas bombas de carneiro hidráulico. 11,6% dos agricultores afirmaram que as bombas de carneiro hidráulico facilitaram a obtenção de água para o seu gado e para si próprios. 39,5% concordaram firmemente que a utilização de bombas de carneiro hidráulico reduziu a sua necessidade de água.

O estudo também mostrou que as bombas de carneiro hidráulico eram fiáveis para o abastecimento de água à área. Os resultados apresentados na Figura 13 corroboram esta conclusão. A maioria dos inquiridos (81,4%) considera que as bombas de carneiro hidráulico são fiáveis para o abastecimento de água na sua área. 18,60% concordam firmemente que a água foi disponibilizada de forma consistente na sua área através de bombas de carneiro hidráulico. O estudo identificou quatro maneiras pelas quais as bombas de carneiro hidráulico ajudaram a reduzir o constrangimento de água na área local. As bombas melhoraram o abastecimento de água, de acordo com 55,81% dos inquiridos. Graças às bombas, há agora água disponível em 18,6% das zonas anteriormente secas. As árduas caminhadas dos aldeões para encontrar água foram reduzidas em 13,95% graças à instalação de bombas de carneiro hidráulico. As bombas de carneiro hidráulico, de acordo com os inquiridos, aumentaram as actuais fontes de água da região, aumentando a disponibilidade de água (11,63%).

Os coeficientes de correlação de Pearson entre as variáveis independentes e dependentes são apresentados na tabela (Tabela 16) abaixo. A fim de estabelecer a associação entre as variáveis do presente estudo, o investigador efectuou uma análise de correlação para determinar a sua ligação. O quadro 16 apresenta igualmente os coeficientes de correlação de Pearson com um intervalo de confiança de 95%. Os resultados da análise de correlação mostraram ligações significativas e favoráveis entre as variáveis independentes e dependentes. A redução da fome e o aumento do nível de vida foram significativamente correlacionados ($r = 0{,}891$, $p = 0{,}028\text{-}0{,}05$). Os padrões de vida estavam forte e positivamente ligados ($r = 0{,}999$, $p = 0{,}015\text{-}0{,}05$) à redução da pobreza. De acordo com esta relação, uma mudança na pobreza de 1 unidade resultaria numa mudança na melhoria das condições de vida de 0,999, e vice-versa. A relação entre a redução da pobreza e a melhoria das condições de vida foi a mais forte. Os resultados revelaram uma associação entre a redução da escassez de água e a melhoria do nível de vida ($r = 0{,}834$, $p = 0{,}001$ a 0,05). O nível de vida da população aumentaria em 0,834 unidades por cada unidade de redução da escassez de água.

De acordo com o Quadro 17, o R2 modificado é de 0,848. De acordo com estes números, as variáveis do modelo só podem explicar 84,8% da variância do aumento do nível de vida. Apenas as variáveis não incluídas no modelo podem explicar os restantes 15,2% da variância da melhoria das condições de vida. A estatística F da Tabela 18 é de 1,170. O valor de P é igual a 0,001 0,05. Estes números mostram que as variáveis independentes, em conjunto, tiveram um impacto considerável na explicação do aumento do nível de vida. Os resultados mostraram a = 0, pl = 0,824, 02 = 0,843, e 03 = 0,567. A regressão

O modelo para a análise, de acordo com os coeficientes de regressão (beta), foi $Y = 0{,}824X1 + 0{,}843X2 + 0{,}567X_3$, onde Y representa padrões de vida mais elevados, Xi uma diminuição da fome, X2 uma redução da pobreza e X_3 uma redução da escassez de água.

5.3 Conclusão

Com base nos resultados deste estudo, concluiu-se que a aplicação de bombas de aríete hidráulico pelos agricultores teve um forte contributo positivo e significativo para melhorar o nível de vida das pessoas através da redução da fome. Os agricultores utilizaram bombas de cilindro hidráulico para cultivar alimentos, o que aumentou a sua capacidade de reduzir a fome. Verificou-se que a sua nutrição melhorou significativamente quando os agricultores irrigaram as culturas alimentares nas suas explorações. Além disso, o estudo concluiu que a aplicação de bombas de cilindro hidráulico aumentou positiva e significativamente a capacidade dos agricultores de gerar rendimentos para pagar as propinas escolares, os cuidados de saúde primários, a alimentação e outras necessidades primárias. A capacidade dos agricultores de cultivar culturas de rendimento foi aumentada pela utilização das bombas nas suas explorações agrícolas para cultivar culturas de rendimento que geraram rendimentos para os agricultores. Além disso, o estudo concluiu que houve uma contribuição significativa da aplicação de bombas hidráulicas de carneiro para aliviar a escassez de água, o que, por sua vez, levou a melhores padrões de vida. A utilização das bombas reduziu as longas distâncias percorridas pelos agricultores para ir buscar água antes de as adquirirem. Além disso, a disponibilidade de água na área foi aumentada, e as fontes de água existentes foram complementadas e aproveitadas em áreas onde a água era muito escassa. Por conseguinte, a aplicação de bombas de carneiro hidráulico melhorou significativamente o nível de vida das pessoas nas ASAL (s).

5.4 Recomendações

Na sequência das conclusões deste estudo, recomendou-se que os governos nacional e dos condados aumentassem a sensibilização para os benefícios da utilização de bombas de aríete hidráulico nas ASAL (s), mantendo-se determinados a financiar projectos nas ASAL que sejam concebidos para melhorar os meios de subsistência das pessoas nessas áreas. O estudo recomendou o aumento do número de bombas de aríete hidráulico na área de 48 para ter pelo menos uma bomba de aríete hidráulico em cada duas propriedades.

5.5 Recomendações para estudos futuros

Finalmente, é necessário um estudo mais aprofundado para medir a contribuição das bombas de aríete hidráulico utilizando outros parâmetros que não foram ajustados no modelo do presente estudo.

Referências

Agayi, C.0.,& Karakayaci, O. (2020). O papel da mudança das políticas de habitação na acessibilidade e acessibilidade da habitação nos países em desenvolvimento: o caso do Quénia.

Agbo, E. I. (2023). Erradicação da pobreza extrema em plena pandemia de Covid-19: A Focus on Sub-Saharan Africa. *Jornal Europeu de Ciências Financeiras e de Gestão,* 7(2), 11-20.

Aimer, C., Laurent-Lucchetti, J., & Oechslin, M. (2017). Escassez de água e motins: Disaggregated evidence from Sub-Saharan Africa. *Journal of Environmental Economics andManagement, 86,* 193-209.

Aniche, E. T. (2020). Zona de Comércio Livre Continental Africana e Agenda 2063 da União Africana: The roads to Addis Ababa and Kigali. *Jornal de Estudos Africanos Contemporâneos,* 1-16.

Anim, D. O., & Ofori-Asenso, R. (2020). Escassez de água e COVID-19 na África subsaariana. *Journal oflnfection, 81* (2), el08-el09.

Birch, I. (2018). Crescimento económico nas terras áridas e semi-áridas do Quénia.
Boretti, A., & Rosa, L. (2019). Reavaliando as projeções do Relatório Mundial sobre o Desenvolvimento da Água. *NPJÁgua Limpa, 2*(1), 15.
Bozorg-Haddad, O., Zolghadr-Asli, B., Sarzaeim, P., Aboutalebi, M., Chu, X., & Loaiciga, H. A. (2020). Avaliação da crise de escassez de água no Médio Oriente e possíveis soluções. Journal ofWater Supply: Research and Technology-AQUA, 69(1), 85-98.
Brunner, M. I., Gurung, A. B., Zappa, M., Zekollari, H., Farinotti, D., & Stahli, M. (2019). Escassez de água presente e futura na Suíça: Potencial de alívio através de reservatórios e lagos. Science of the Total Environment, 666, 1033-1047.
Carley, M., & Christie, I. (2017). *Managingsustainable development (Gestão do desenvolvimento sustentável).* Routledge.
Chakona, G., & Shackleton, C. M. (2019). Insegurança alimentar na África do Sul: Até que ponto as subvenções sociais e o consumo de alimentos silvestres podem erradicar a fome? *WorldDevelopmentPerspectives, 13,* 87-94.
Chege, C. W., Kiplang'at, J., & Rotich, D. C. (2019). Serviços de informação prestados pelos Telecentros Maarifa às comunidades rurais em ASALs no Quénia. *Inkanyiso: Journal ofHumanities and Social Sciences, 11* (1), 50-68.
Chege, C. W., Kiplang'at, J., & Rotich, D. C. (2019). Serviços de informação prestados pelos Telecentros Maarifa às comunidades rurais em ASALs no Quénia. *Inkanyiso: Journal ofHumanities and Social Sciences, 11* (1), 50-68.
Clover, J. (2013). Segurança alimentar na África subsaariana. Revista de Segurança Africana, 12(1), 5-15.
Cooper, D. S., & Schindler, P.S (2009). *Métodos de Investigação Empresarial.* (9th ed). Nova Iorque: McGraw-Hill.
Governo do Condado de Machakos 2018-2022. Plano de Desenvolvimento Integrado do Condado de Machakos 2018-2022.
Creamer, J., Shrider, E. A., Burns, K., & Chen, F. (2022). Pobreza nos Estados Unidos: 2021. *Gabinete do Censo dos EUA.*
Davidson, P., Saunders, P., Bradbury, B., & Wong, M. (2020). Pobreza na Austrália 2020 - parte 1: An overview.
Debela, B. L., Demmler, K. M., Klasen, S., & Qaim, M. (2020). Compras de alimentos em supermercados e nutrição infantil no Quénia. *Segurança alimentar global, 25,* 100341.
Dinar, A., Tieu, A., & Huynh, H. (2019). Impactos da escassez de água na produção global de alimentos. *Segurança Alimentar Global, 23,* 212-226.
Dolan, F., Lamontagne, J., Link, R., Hejazi, M., Reed, P., & Edmonds, J. (2021). Avaliando o impacto econômico da escassez de água em um mundo em mudança. *Comunicações da natureza, 12*(1), 1915.
Donnenfeld, Z., Hedden, S., & Crookes, C. (2018). Um equilíbrio delicado: A escassez de água na África do Sul.
Egger, D., Miguel, E., Warren, S. S., Shenoy, A., Collins, E., Karlan, D.,... & Vemot, C. (2021). Queda do padrão de vida durante a crise do COVID-19: Evidências quantitativas de nove países em desenvolvimento. *Science advances,* 7(6), eabe0997.
Eichsteller, M., Njagi, T., & Nyukuri, E. (2022). The role of agriculture in poverty escapes in Kenya-developing a capabilities approach in the context of climate change.

WorldDevelopment, 149, 105705.
Ekholuenetale, M., Tudeme, G., Onikan, A., & Ekholuenetale, C. E. (2020). Desigualdades socioeconômicas na fome oculta, desnutrição e excesso de peso entre crianças menores de cinco anos em 35 países da África Subsaariana. Jornal da Associação Egípcia de Saúde Pública, 95(1), 115.
Elias, T. (2023). A "Agenda 2063" da União Africana à luz do pan-africanismo: Avaliando os estrangulamentos da sua implementação desde o seu início até 2021. *Revista Etíope de Governação e Desenvolvimento, 2* (1).
Erick, S. (2022). The Role OfLivestock Marketing In Improving The Livelihoods OfPastoralists (O Papel da Comercialização de Gado na Melhoria dos Meios de Subsistência dos Pecuaristas). *IntemationalJoumal ofLivestockPolicy, 1* (1), 63-79.
Feyen, L., Ciscar Martinez, J. C., Gosling, S., Ibarreta Ruiz, D., Soria Ramirez, A., Dosio, A., ... & Olariaga-Guardiola, M. (2020). *Impactos das alterações climáticas e adaptação na Europa* - Centro *Comum* de Investigação (sítio de Sevilha).
Fitton, N., Alexander, P., Amell, N., Bajzelj, B., Calvin, K., Doelman, J., ... & Smith, P. (2019). As vulnerabilidades das terras agrícolas e da produção de alimentos à futura escassez de água. *Mudança Ambiental Global, 58,* 101944.
Gichure, J. N., Njeru, S. K., & Mathi, P. M. (2020). Abordagem de meios de subsistência sustentáveis para avaliar os impactos dos matadouros nas estratégias de subsistência entre os pastores no Quénia. *Pastoralism, 10*(1),26.
Gundogdu, A. S. (2019). Pobreza, fome e desigualdade no contexto do zakat e do waqf. *darulfunun ilahiyat, 30*(1), 49-64.
Haddout, S., Priya, K. L., Hoguane, A. M., & Ljubenkov, I. (2020). Escassez de água: Um desafio significativo para as favelas em África na luta contra a COVID-19. *Science & TechnologyLibraries, 39*(3), 281-288.
Hallegatte, S., Vogt-Schilb, A., Rozenberg, J., Bangalore, M., & Beaudet, C. (2020). Da pobreza ao desastre e vice-versa: A review of the literature. *Economics ofDisasters and Climate Change, 4,* 223-247.
Hasan, E., Tarhule, A., Hong, Y., & Moore III, B. (2019). Avaliação da escassez física de água em África utilizando dados de satélite GRACE e TRMM. *Sensoriamento Remoto, 11* (8), 904.
Hickmann, T., Biermann, F., Spinazzola, M., Ballard, C., Bogers, M., Forestier, O., ... & Yunita, A. (2023). Factores de sucesso da definição de objectivos globais para o desenvolvimento sustentável: Learning from the Millennium Development Goals. *Desenvolvimento Sustentável, 31* (3), 1214-1225.
Huang, Z., Yuan, X., & Liu, X. (2021). Os principais fatores para as mudanças na escassez global de água: Retirada de água versus disponibilidade de água. *Journal of Hydrology,601,* 126658. Van Vliet, M. T., Jones, E. R., Florke, M., Franssen, W. H., Hanasaki, N., Wada, Y., & Yearsley, J. R. (2021). Escassez global de água, incluindo a qualidade da água de superfície e expansões de tecnologias de água limpa. *Environmental Research Letters, 16*(2), 024020.
Ilinca, S.,Di Giorgio, L., Salari, P., & Chuma, J. (2019). Desigualdade socioeconómica e desigualdade na utilização dos serviços de saúde no Quénia: dados do quarto inquérito sobre despesas e utilização da saúde dos agregados familiares no Quénia. *Intemationaljoumalfor equity in health, 18,* 1-13.
Ilinca, S., Di Giorgio, L., Salari, P., & Chuma, J. (2019). Desigualdade socioeconómica e desigualdade na utilização dos serviços de saúde no Quénia: dados do quarto inquérito sobre

despesas e utilização da saúde dos agregados familiares no Quénia. *Intemationaljoumalfor equity in health, 18,* 1-13.
Jiang, L., Strobbe, S., Van Der Straeten, D., & Zhang, C. (2021). Regulação do metabolismo das vitaminas vegetais: a espinha dorsal da biofortificação para aliviar a fome oculta. *Molecularplant, 14*(1), 40-60.
Katumo, J. M. (2010). *Status of poverty in Kenya: the case ofMachakos District* (Doctoral dissertation, University ofNairobi, Kenya).
Khanam, T. (2021). Rule of law approach to alleviating poverty: Uma análise da dimensão dos direitos humanos da governação.
Konapala, G., Mishra, A. K., Wada, Y., & Mann, M. E. (2020). As alterações climáticas afectarão a disponibilidade global de água ao agravar as alterações sazonais da precipitação e da evaporação. *Comunicações da Natureza, 11* (1), 3044.
Larionova, M. (2020). Os desafios para alcançar os Objectivos de Desenvolvimento do Milénio (ODM). *Revista de Investigação sobre Organizações Internacionais, 15*(1), 155-176.
Le, T. A., Ling, S., Nguyen, T. T. L., & Lenihan, M. H. (2019). Vietname - Financiamento da política de desenvolvimento das alterações climáticas e do crescimento verde: Avaliação dos efeitos sociais e sobre a pobreza.
Leal Filho, W., Totin, E., Franke, J. A., Andrew, S. M., Abubakar, I. R., Azadi, H., ... & Equipa da Iniciativa de Mapeamento da Adaptação Global. (2022). Compreender as respostas à escassez de água relacionada com o clima em África. *Science of the Total Environment, 806,* 150420.
Lenaerts, B., & Demont, M. (2021). O fardo global da fome crônica e oculta revisitado: novas evidências de dados de painel abrangendo 1990-2017: *segurança alimentar global, 28,* 100480.
Li, W., Hai, X., Han, L., Mao, J., & Tian, M. (2020). A urbanização intensifica a escassez regional de água? Evidências e implicações de uma megaregião da China. Journal of Cleaner Production, 244, 118592.
Liu, J., Wang, Y., Yu, Z., Cao, X., Tian, L., Sun, S., & Wu, P. (2017). Uma análise abrangente da escassez de água azul a partir das perspectivas de produção, consumo e transferência de água. *Indicadores Ecológicos, 72,* 870-880.
Liu, J., Yang, H., Gosling, S. N., Kummu, M., Florke, M., Pfister, S., ... & Oki, T. (2017). Avaliações da escassez de água no passado, presente e futuro. *Earth'sfuture, 5*(6), 545-559.
Maione, C. (2020). Adaptação à seca e ao clima extremo: Programa da Rede de Segurança contra a Fome, Quénia. World Development Perspectives, 20,100270.
Majeed, M. T., & Luni, T. (2019). Energia renovável, água e degradação ambiental: uma abordagem global de dados de painel. *Jornal do Paquistão de Comércio e Ciências Sociais (PJCSS), 13*(3), 749-778.
Marcella, R., & Chowdhury, G. (2020). Erradicar a pobreza de informação: An agenda for research. *Journal of librarianship and information science, 52*(2), 366-381.
Mason-D'Croz, D., Sulser, T. B., Wiebe, K., Rosegrant, M. W., Lowder, S. K., Nin-Pratt, A., ... & Robertson, R. D. (2019). Investimentos agrícolas e fome em África modelando potenciais contribuições para o ODS2-Fome Zero. WorldDevelopment, 116, 38-53.
Massa, D., Magan, J. J., Montesano, F. F., & Tzortzakis, N. (2020). Minimizando as perdas de água e nutrientes do cultivo sem solo no sul da Europa. *Gestão da água agrícola, 241,* 106395.
McNally, A., Verdin, K., Harrison, L., Getirana, A., Jacob, J., Shukla, S., ... & Verdin, J. P.

(2019). Monitorização da escassez aguda de água em África. *Água, 11* (10), 1968.
Nguyen, H. L., Hanikel, N., Lyle, S. J., Zhu, C., Proserpio, D. M., & Yaghi, O. M. (2020). Uma estrutura orgânica covalente porosa com topologia de grade quadrada vazada para coleta de água atmosférica. *Jornal da Sociedade Americana de Química, 142* (5), 2218-2221.
Niyobuhungiro, J. (2019). Direito económico internacional, direito ambiental internacional e desenvolvimento sustentável: a necessidade de complementaridade e igualdade de implementação. *Envtl. Pol'y & L., 49,* 36.
Njiru, C. W., & Letema, S. C. (2018). Pobreza energética e sua implicação no padrão de vida em Kirinyaga, Quénia. *Journal ofEnergy, 2018,* 1-12.
Njoka, J.T., Yanda, P., Maganga, F., Liwenga, E., Kateka, A., Henku, A.,... & Bavo, C. (2016). Quénia: Avaliação da situação do país. *Caminhos para a Resiliência em Economias Semiáridas (PRISE).*
Nouri, H., Stokvis, B., Galindo, A., Blatchford, M., & Hoekstra, A. Y. (2019). Alívio da escassez de água por meio da redução da pegada hídrica na agricultura: o efeito da cobertura morta do solo e da irrigação por gotejamento. Ciência do ambiente total, 653, 241-252.
Odhiambho, M. O. (2015). Garantir os direitos comunitários à terra nas ASALs do Quénia: Opções legais disponíveis. *Consórcio de Adaptação, Nairobi.*
Otekunrin, O. A., Otekunrin, O. A., Fasina, F. O., Omotayom, A. O., & Akram, M. (2020). Avaliação da prontidão da meta de fome zero em África face à pandemia de COVID-19.
Otekunrin, O. A., Otekunrin, O. A., Sawicka, B., & Ayinde, I. A. (2020). Três décadas de luta contra a fome em África: Progress, challenges and opportunities. WorldNutrition, 11(3), 86-111.
Otieno, Z. A. (2018). Crescimento agrícola, pobreza rural e fome em África (n.º 307-2016-4897, pp. 1-8).
Phogole, M. (2010). Questões relacionadas com o aumento dos níveis de pobreza e fome em África, com referência específica à África do Sul.
Pizzi, S., Caputo, A., Corvino, A., & Venturelli, A. (2020). A investigação em gestão e os objectivos de desenvolvimento sustentável (ODS) da ONU: Uma investigação bibliométrica e revisão sistemática. *Journal of cleaner production, 276*, 124033.
Rosa, L., Chiarelli, D. D., Rulli, M. C., Dell'Angelo, J., & D'Odorico, P. (2020). Global agricultural economic water scarcity. *Science Advances, 6*(18), eaaz6031.
Ruland, J. (2019). Bom cidadão global? A construção da imagem da ASEAN nas Nações Unidas. *AsiaPacific BusinessReview, 25*(5), 751-771.
Salaria, N. (2012). Significado do termo método de investigação de inquérito descritivo. Revista internacional de transformações em gestão empresarial, 1(6), 1-7.
Shyu, C. W. (2021). A framework for 'right to energy to meet UN SDG7: Policy implications to meet basic human energy needs, eradicate energy poverty, enhance energy justice, and uphold energy democracy. *Investigação energética e ciências sociais, 79,* 102199.
Simiyu, S., Cairncross, S.,& Swilling, M. (2019, junho). Compreender as condições de vida e a privação nos assentamentos informais de Kisumu, Quénia. Em *Urban Forum* (Vol. 30, pp. 223-241). SpringerNetherlands.
Singleton, C. R., Uy, W. F., & Landry, M. J. (2021). Fortalecimento das colaborações intersetoriais nos esforços de combate à fome para enfrentar o racismo estrutural. *Jornal de Educação e Comportamento Nutricional, 53* (2), 93-94.
Soergel, B., Kriegler, E., Bodirsky, B. L., Bauer, N., Leimbach, M., & Popp, A. (2021). Combinando políticas climáticas ambiciosas com esforços para erradicar a pobreza. Nature

Communications, 12(1), 2342.
Song, S., & Imai, K. S. (2019). O programa da rede de segurança contra a fome reduz a pobreza multidimensional? Evidências do Quénia. Development Studies Research, 6(1), 47-61.
Srivastava, A. (2020). Malthus ainda se mantém alto nos debates sobre superpopulação e Uttar Pradesh. *MediaSpace: DME Media Journal of Communication, 1* (01), 73-80.
Tmka, M., Feng, S., Semenov, M. A., Olesen, J. E., Kersebaum, K. C., Rotter, R. P.,... & Buntgen, U. (2019). Os esforços de mitigação não aliviarão totalmente o aumento da probabilidade de ocorrência de escassez de água em áreas produtoras de trigo. Science Advances, 5(9), eaau2406.
Unat, E. (2020). Uma revisão da teoria malthusiana da população no âmbito do capital humano. *FORCE: Focus on Research in Contemporary Economics, 1* (2), 132-147.
Ungureanu, N., Vladut, V., & Voicu, G. (2020). Escassez de água e reutilização de águas residuais na irrigação de culturas. *Sustainability, 12*(21), 9055.
Van Vliet, M. T., Jones, E. R., Florke, M., Franssen, W. H., Hanasaki, N., Wada, Y., & Yearsley, J. R. (2021). Escassez global de água, incluindo a qualidade da água de superfície e expansões de tecnologias de água limpa. *Environmental Research Letters, 16*(2), 024020.
Watmough, G. R., Marcinko, C. L., Sullivan, C., Tschirhart, K., Mutuo, P. K., Palm, C. A., & Svenning, J. C. (2019). Uso socioecológico informado de dados de sensoriamento remoto para prever a pobreza das famílias rurais. *Proceedings of the NationalAcademyofSciences, 116* (4), 1213-1218.
Wishitemi, B. E., Momanyi, S. O., Ombati, B. G., & Okello, M. M. (2015). A ligação entre pobreza, ambiente e desenvolvimento do ecoturismo em áreas adjacentes às áreas protegidas de Maasai Mara e Amboseli, Quénia. *Tourism Managementperspectives, 16,* 306-317.
Banco Mundial. (2021). Desemprego, total de jovens (% da força de trabalho total com idades entre 15 e 24 anos) (estimativa modelada da OIT) - Quénia. https://data.worldbank.org/indicator/SL.UEM.1524.ZS?locations=KE
Xinchun, C., Mengyang, W., Xiangping, G., Yalian, Z.,Yan,G., Nan, W., & Weiguang, W. (2017). Avaliação da escassez de água em sistemas de produção agrícola com base na estrutura generalizada de recursos hídricos e pegada hídrica. *Ciência do Ambiente Total, 609,* 587-597.

Apêndice A: Questionário

QUESTIONÁRIO PARA AGRICULTORES QUE UTILIZAM BOMBAS HIDRÁULICAS DE ARÍETE

Tópico de investigação: CONTRIBUIÇÃO DAS BOMBAS DE CARNEIRO HIDRÁULICO PARA A MELHORIA DOS PADRÕES DE VIDA DAS PESSOAS EM TERRAS ÁRIDAS E SEMI-ÁRIDAS (ASALS) NO SUB-CONDADO DE YATTA EM MACHAKOS, QUÉNIA

Secção A: BIODADOS

1. Qual é o seu género?

Homem [ ]

Feminino [ ]

2. Qual é a tua idade?

0-25 []

26-30 []

30-34 []

35-40 []

41-45 []

46-50 []

50-55 []

Acima de 55 []

3. Qual é o seu nível de educação mais elevado?

Primário []

Secundário []

Faculdade []

Bacharelato []

Mestres []

Doutoramento []

4. É agricultor?

Sim []

Não []

5. Já utilizou uma bomba hidráulica?

Sim []

Não []

6. É proprietário ou aluga bombas hidráulicas de aríete?

Próprio [ ]

Arrendamento

7. Há quantos anos utiliza a bomba de aríete hidráulico?

1-2 []

3-4 []

5 []

Acima de 5 [ ]

SECÇÃO B: CONTRIBUIÇÃO DAS BOMBAS DE CARNEIRO HIDRÁULICO PARA A REDUÇÃO DA FOME

8. Assinale a opção correta. Numa escala de 1 a 5, indique o seu grau de concordância com as seguintes afirmações (1 discordo totalmente, 5 concordo totalmente).

Declaração	**1**	**2**	**3**	**4**	**5**
Utilizo a HRP para bombear água para irrigar culturas alimentares.					
A HRP é uma alternativa sustentável e de baixo custo para a produção de culturas.					
A HRP é barata, simples e amiga do ambiente.					
A HRP requer pouca manutenção.					
A HRP é fiável na produção vegetal.					

9. Antes de adquirir/alugar bombas de aríete hidráulico, como é que conseguia gerir ou reduzir a fome?

10. Após a aquisição/aluguer de bombas de aríete hidráulico, como é que o ajudou a gerir ou a reduzir a fome?

SECÇÃO C: CONTRIBUIÇÃO DAS BOMBAS DE CARNEIRO HIDRÁULICO PARA A MINIMIZAÇÃO DA POBREZA

Assinale o que for apropriado. Numa escala de 1 a 5, indique o seu grau de concordância com as seguintes afirmações (1 discordo totalmente, 5 concordo totalmente).

Declaração	**1**	**2**	**3**	**4**	**5**
Utilizo a HRP para bombear água para irrigar culturas de rendimento.					
A utilização dos PRH aumentou a minha capacidade de ganhar a vida.					
Utilizo o HRP para gerar rendimentos para as propinas escolares dos meus filhos.					
Utilizo o PRH para gerar receitas para os cuidados de saúde primários.					
Utilizo o HRP para cultivar culturas para melhorar a nutrição.					
Utilizo o HRP para apoiar programas ambientais através da agroflorestação.					

12) Antes da aquisição/aluguer e utilização de bombas de aríete hidráulico, qual era o nível de pobreza?

13) Após a aquisição/aluguer e utilização de bombas de aríete hidráulico, como é que isso o ajudou a minimizar o nível de pobreza?

SECÇÃO D: CONTRIBUIÇÃO DAS BOMBAS DE CARNEIRO HIDRÁULICO PARA A REDUÇÃO DA ESCASSEZ DE ÁGUA

1. Assinale a opção correta. Numa escala de 1 a 5, indique o seu grau de concordância com as seguintes afirmações (1 discordo totalmente, 5 concordo totalmente).

Declaração	**1**	**2**	**3**	**4**	**5**
Utilizo o HRP para bombear água potável.					
Utilizo o HRP para bombear água para irrigação.					
O PRH reduziu a escassez de água na minha localidade					
Desde que comecei a utilizar o HRP, eliminei a falta de água constante.					
A HRP tem sido fiável no abastecimento de água na minha localidade					

2. Antes da aquisição/aluguer e utilização de bombas de aríete hidráulico, como é que conseguia adquirir e reduzir a escassez de água?

15) Após a aquisição/aluguer e utilização de bombas de aríete hidráulico, como é que isso o ajudou a ultrapassar o problema da escassez de água?

Apêndice B: CARTA NACOSTI

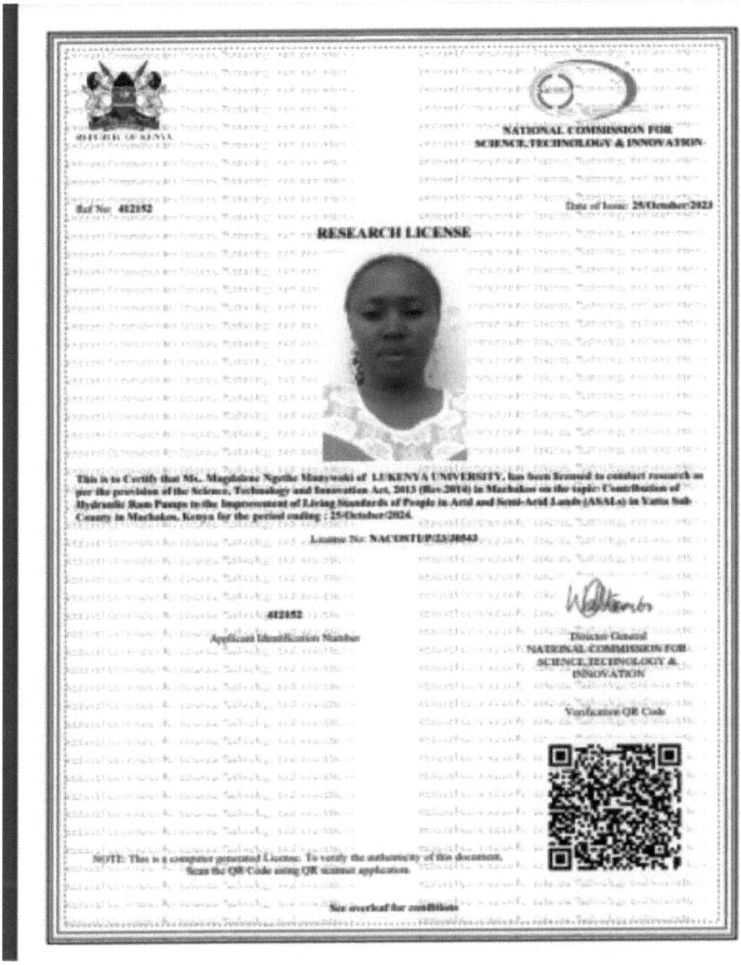

REPUBLIC OF KENYA

NATIONAL COMMISSION FOR SCIENCE, TECHNOLOGY & INNOVATION

Ref No: 412152

Date of Issue: 25/October/2023

RESEARCH LICENSE

This is to Certify that Ms.. Magdalene Ngothe Munywoki of LUKENYA UNIVERSITY, has been licensed to conduct research as per the provision of the Science, Technology and Innovation Act, 2013 (Rev.2014) in Machakos on the topic: Contribution of Hydraulic Ram Pumps to the Improvement of Living Standards of People in Arid and Semi-Arid Lands (ASALs) in Yatta Sub County in Machakos, Kenya for the period ending : 25/October/2024.

License No: NACOSTI/P/23/30543

412152

Applicant Identification Number

Director General

NATIONAL COMMISSION FOR SCIENCE, TECHNOLOGY & INNOVATION

Verification QR Code

NOTE: This is a computer generated License. To verify the authenticity of this document, Scan the QR Code using QR scanner application.

See overleaf for conditions

Apêndice C: Carta de apresentação

LUKENYA UNIVERSITY

<u>OFFICE OF THE DIRECTORTE OF POST GRADUATE STUDIES</u>

19/6/2023

TO WHO IT MAY CONCERN

RE: MAGDALENE NGETHE MUNYWOKI -MAG/01/2753-SBA/2021

The above student is undertaking Masters of Art in Geography at Lukenya University. She has completed her Proposal writing on Topic ***"The Contribution of Hydraulic Ram Pumps to Improvement of Living Standards of People in Arid and Semi-Arid Lands (ASALs) in Kenya: A Case of Yatta Sub County in Machakos, Kenya"*** under her supervisors who are;

1. Dr. Marry Mutiso ,PhD
2. Dr. Njoroge Kimani ,PhD

Any assistance given to him in collecting data from the relevant office is highly commendable

Sincerely Yours'

PROF. IMTEYAZ AHMAD

Director Board of Post Graduate

Apêndice D: Orçamento

ITENS

1. Viajar
2. Tempo de antena
3. Internet
4. Estacionário
5. Serviços de impressão
6. Diversos

CUSTO (KSH)

10,000

5,000

10,000

18,000

15,000

7,000

TOTAL **65,000**

Apêndice E: Calendário

Período de tempo do estudo							
Atividade	Jan 2023	fevereiro de 2023	março abril de 2023	maio-junho de 2023	julho Ago 2023	Jun Set t 202 3	Out 202 3
Formulação do problema.							
Redação de propostas							
Revisão da literatura							
Amostragem							
Recolha de dados							
Análise de dados							
Redação de relatórios							
Preparação de resultados							

Apêndice F: Mapa da área de estudo

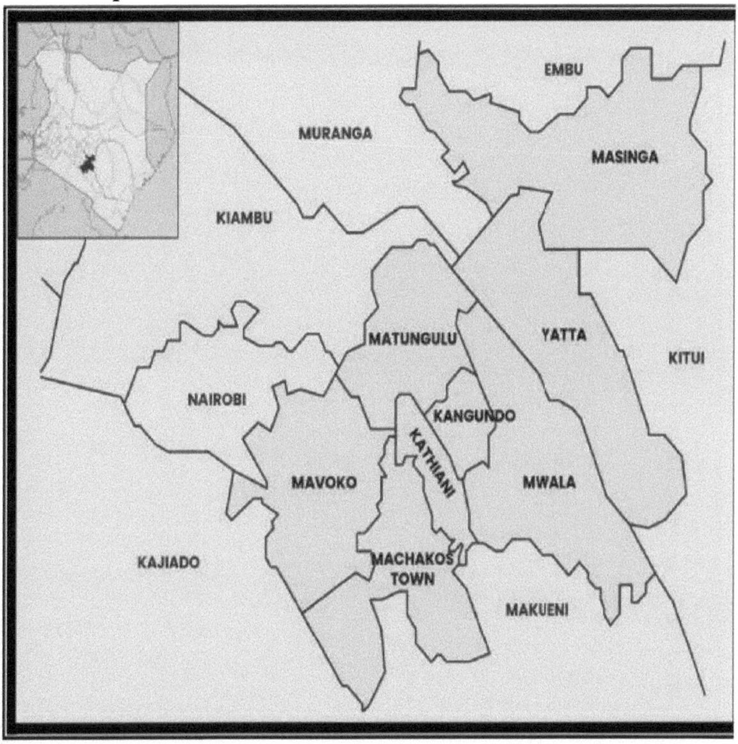

MIX
Papier aus verantwortungsvollen Quellen
Paper from responsible sources
FSC® C105338

Printed by Books on Demand GmbH, Norderstedt / Germany